U0156632

清華大學出版社
北京

图书在版编目（CIP）数据

美如初见：护肤的真相 / 叶剑清著 .— 北京：清华大学出版社，2022.6
ISBN 978-7-302-58075-1

Ⅰ.①美… Ⅱ.①叶… Ⅲ.①皮肤—护理 Ⅳ.① TS974.11

中国版本图书馆 CIP 数据核字（2021）第 079265 号

责任编辑：胡洪涛 王 华
封面设计：于 芳
责任校对：王淑云
责任印制：丛怀宇

出版发行：清华大学出版社
网 址：http://www.tup.com.cn, http://www.wqbook.com
地 址：北京清华大学学研大厦A座 邮 编：100084
社 总 机：010-83470000 邮 购：010-62786544
投稿与读者服务：010-62776969, c-service@tup.tsinghua.edu.cn
质量反馈：010-62772015, zhiliang@tup.tsinghua.edu.cn
印 装 者：北京博海升彩色印刷有限公司
经 销：全国新华书店
开 本：165mm × 235mm 印 张：13 字 数：225千字
版 次：2022年7月第1版 印 次：2022年7月第1次印刷
定 价：69.00元

产品编号：080541-01

前 言

从事化妆品行业的工作对我来说是一件极其偶然的事情，从大学本科到攻读博士研究生学位，我的专业一直没有离开化学和材料，“生化环材”四大天坑我跳了两个。在坑里面待久了，总会产生跳出去的想法，希望做一些比较实用的工作。机缘巧合之下，我发现从化学转到美容护肤是个不错的选择，一方面够实用，另一方面也没有脱离化学的老本行。

从 2009 年开始，我在中山大学开设了美容药物学这门全校性的公选课，因为课程内容比较贴合实际需求，上课的方式也对同学们的口味，所以影响和口碑还不错。之后便一发而不可收，从选修课逐渐扩展到系统的消费者教育，围绕着清洁、保湿、防晒这些基础的护肤步骤，以及美白、祛痘、抗敏等消费者关心的话题，写了一些或长或短的文章。摆在大家面前的，就是这些文章集结起来的一点微不足道的成果。

回过头来看这些文章，坦白地说，还是有很大的改进空间。护肤品的研究方向，往下要延伸到分子和细胞层次的基础研究，往上则是要扩展到成分、原料、配方、工艺等领域，而这些东西是需要年复一年、日复一日的锤炼的，对我来说也是接下来要面对的新的挑战。

由于个人的水平有限，文中肯定有纰漏、疏忽甚至是错误之处，希望读者能多多批评指正。当然，就像是《有机化学》的作者邢其毅先生说的：如果一本书要到它完美无缺的时候才出版问世，这本书就永远也写不成了。所以我不揣浅陋，把自己的一点点心得体会写下来，如果对消费者能产生一点帮助，对行业发展能起到一点推动作用，那就算实现自己的初心了。

叶剑清

2022 年 6 月于广州

目录

1

成分党小秘诀

1.1　1% 背后的奥秘

抛开含量谈毒性，是没有意义的；抛开含量谈功效，也是没有意义的。对于护肤品来说，含量不是万能的，但是没有含量那是万万不能的。

然而，护肤品营销中经常有这么一种套路：某个成分在产品中只添加了一点点，却被作为核心卖点大肆宣传。理性的消费者应该如何识破这种伎俩或套路呢？

根据规定，化妆品成分在成分表上必须按照含量从高到低降序排列，所以护肤品的第一个成分基本是水，第二个往往是甘油或者二元醇。

但是这条规定有一个例外：质量分数（下称含量）不超过 1% 的成分，彼此之间可以随意排列，只要放在含量超过 1% 的成分之后就可以了。

换句话说，如果 A 成分的含量不超过 1%，那么成分表上排在 A 之后的其他成分，含量肯定也不超过 1%。

所以只要找到含量不超过 1% 的成分，就能以它作为参考点，大概判断其他成分的添加量。

含量不超过 1% 的成分有哪些？

这个问题的答案是“有很多”，不过刚开始的时候记住以下 3 类就可以了：

（1）透明质酸钠，俗称玻尿酸，它的含量一般在 0.1%～0.2%，加多了透明质酸钠，人们使用产品时会感觉非常黏腻。

（2）香精或者（日用）香精，它的作用是调香，加多了香精，香味过头，会让人不舒服。

（3）苯氧乙醇，这是现阶段最常用的防腐剂之一。

如果一个成分 A 排在透明质酸钠、香精或者苯氧乙醇之后，我们就可以推断 A 的含量一定不超过 1%。利用这个技巧，消费者就可以识破至少 50% 的忽悠伎俩了。

例如某维生素 C 原液的成分如下：

> 水、甘油、丁二醇、海藻糖、库拉索芦荟叶提取物、苯氧乙醇、抗坏血酸、透明质酸钠等。

维生素 C 的正规名称是抗坏血酸，它位于苯氧乙醇与透明质酸钠之间，可以推断含量不会高于 1%。

总结：透明质酸钠、香精和苯氧乙醇的含量普遍不超过 1%，排在它们之后的其他成分的含量也不会超过 1%。

1.2　5% 的经验规则

除了清洁和防晒产品之外，其余护肤品（宣称保湿、美白、抗衰老等功效）如水、乳、精华、凝胶、喷雾等的配方中，第一位的往往是水，第二位的则是二元醇或者多元醇，如甘油、丙二醇、丁二醇、双丙甘醇。由于成本和安全方面的原因，它们的含量一般不会超过 5%。

以某喷雾为例，其成分如下：

水、甘油、丁二醇、PPG-26- 丁醇聚醚 -26、PEG-40 氢化蓖麻油、苯氧乙醇、黄瓜果提取物、茶叶提取物、EDTA 二钠、咖啡因、母菊花（叶）提取物、泛醇、生育酚乙酸酯等。

其中甘油排名第二，仅次于水，可以假定它的含量为 5%。

5% 的经验规则还可以进一步推测，成分排名每下降一位，含量减少 1%，直到含量小于等于 1% 的成分（如透明质酸钠、防腐剂等）为止，此后的成分就可以随意排列了（表 1.1）。依据这条规则，该喷雾配方中的成分含量大致如表 1.2 所示。

表 1.1　护肤品成分排名与含量对照

排名	1	2	3	4	5	6	7
含量	水	5%	4%	3%	2%	1%	…

表 1.2　某活力喷雾配方中的成分含量

成分	水	甘油	丁二醇	PPG-26- 丁醇聚醚 -26	PEG-40 氢化蓖麻油	苯氧乙醇	其他
排名	1	2	3	4	5	6	7
含量	不低于 76%	5%	4%	3%	2%	≤ 1%	≤ 1%

苯氧乙醇是关键点，国家规定的允许含量不得超过 1%，一般添加量是在 0.4%~1%。所以在它之后的其他成分肯定也不超过 1%，主要是点缀性添加。

苯氧乙醇之后还有 9 个成分，总量不超过 9%，很容易计算得到，从甘油开始的所有成分，总含量不超过 24%，所以水的含量不低于 76%。

再如某化妆水，其成分如下：

水、丁二醇、甘油、乙醇、双甘油、蔗糖月桂酸酯、PEG-10 聚二甲基硅氧烷、苯氧乙醇、羟苯甲酯、甘草酸二钾、黄原胶、柠檬酸钠、琥珀酸二乙氧基乙酯、羟基化卵磷脂、香精、聚 HEMA 葡糖苷、积雪草提取物、柠檬酸、糖原、赖氨酸 HCl、人参根提取物、丁香花提取物、紫云英提取物、喷替酸五钠、魁蒿叶提取物、野大豆蛋白、山金车花提取物、日本獐牙菜提取物、欧蓍草提取物、苦参根提取物、水解贝壳硬蛋白、缬氨酸、甘氨酸、葡聚糖硫酸酯钠、贯叶连翘提取物等。

同样是先找到苯氧乙醇这个关键点，在它之后的成分主要是点缀性添加，暂不考虑。

在苯氧乙醇之前的成分含量大致为丁二醇（5%）、甘油（4%）、乙醇（3%）、双甘油（2%）、蔗糖月桂酸酯（约 1%）、PEG-10 聚二甲基硅氧烷（约 1%）。可见，产品的实质是一瓶酒精含量比较高的多元醇保湿水。

再如某爽肤水，其成分如下：

水、丙二醇、1,2- 戊二醇、羟苯甲酯、EDTA 二钠、牛蒡根提取物、金盏花花、金盏花花提取物、水解玉米淀粉、尿囊素等。

该成分表中没有苯氧乙醇，但是有羟苯甲酯和 EDTA 二钠。羟苯甲酯也是防腐剂，国家规定的允许用量不得超过 1%；EDTA 二钠用量一般在 0.1%~0.2%，所以在它们之后的成分也是点缀性添加，7 个成分的总量不超过 7%。

在它们之前有两个多元醇，起到保湿和防腐的作用。这两个成分用量一般都不超过 5%，否则会有皮肤发热的感觉，可以假定其含量分别为 5% 和 4%，因此水的含量不低于 82%。

再如某保湿化妆水，其成分如下：

水、双丙甘醇、甘油、熊果苷、甜菜碱、PPG-10 甲基葡糖醚、苯乙烯 / VP 共聚物、琥珀酸二钠、甲基异噻唑啉酮、碘丙炔醇丁基氨甲酸酯、银耳（TREMELLA FUCIFORMIS）多糖、琥珀酸等。

该成分表中同样是没有苯氧乙醇，但是有甲基异噻唑啉酮、碘丙炔醇丁基氨甲酸酯这两个防腐剂可以作为参考点。在此之前的成分含量大致为双丙甘醇（5%）、甘油（4%）、熊果苷（3%）、甜菜碱（2%），PPG-10 甲基葡糖醚、苯乙烯 /VP 共聚物和琥珀酸二钠都是 1%～2%。该产品美白功效成分的用料比较多，物美价廉，但是防腐剂是扣分项。

如果第二位的成分不是二元醇或者多元醇，5% 的经验规则也是可以用的，利用这一点可以判断一些功效成分的大概浓度，例如某淡斑精华，其成分如下：

水、烟酰胺、1,2- 戊二醇、丁二醇、聚甲基硅倍半氧烷、棕榈酸乙基己酯、聚二甲基硅氧烷、十一碳烯酰基苯丙氨酸、硅石、一氮化硼、抗坏血酸葡糖苷、聚甘油 -2 油酸酯、葡糖基橙皮苷、聚二甲基硅氧烷醇、氨甲基丙醇、丙烯酸（酯）类 /C10-30 烷醇丙烯酸酯交联聚合物、聚甘油 -10 油酸酯、聚山梨醇酯 -20、苯甲酸钠、EDTA 二钠、苯甲醇、苯氧乙醇等。

该成分表中烟酰胺的排名仅次于水，比 1,2- 戊二醇和丁二醇还高，浓度至少有 5%，算是对得起“精华”这个名字。

再如某精粹水，其成分如下：

水、变性乙醇、甘油、双丙甘醇、1,3- 丙二醇、苯氧乙醇、PPG-6- 癸基十四醇聚醚 -30、聚乙二醇 -8、酵母菌溶胞物提取物、氨丁三醇、卡波姆、香精、丁二醇、酵母提取物、乙酰基肉碱 HCl、HEDTA 三钠、虎杖根提取物、山梨酸钾、丁羟甲苯、石榴果汁、磷酸腺苷、稻糠提取物、聚季铵盐 -51、肌酸、柠檬酸、积雪草提取物、环糊精、辛甘醇、海巴戟果提取物、枸杞果提取物、狭叶越橘果提取物、大果越橘果提取物等。

先找到苯氧乙醇这个关键点，在它之后的成分主要是点缀性添加，暂不考虑。

在苯氧乙醇之前的成分含量大致为变性乙醇（5%）、甘油（4%）双丙甘醇（3%）。可见，产品的实质是一瓶酒精含量比较高的多元醇保湿水。

对于洗面奶之类的淋洗类产品来说，5% 的经验规则就不一定适用了。对于面霜特别是滋润厚重的面霜，也不一定适用，具体见后续关于洗面奶和防晒乳霜的配方剖析。

需要说明的是，这条经验规则完全是我个人观察归纳的结果，没有任何文献正式提出类似的说法。它非常粗略，适用的例子估计和不适用的例子一样多，但是消费者刚入门的时候还是可以用它来大致判断成分含量的。

总结：护肤品成分表第二位的二元醇或者多元醇，浓度一般为 5%。成分排名每下降一位，含量减少 1%，直到成分可以随意排列为止。

1.3 吹皱一池水

化妆品原料中有很多名字以“提取物”结尾的原料，这些植物提取物往往成分复杂，功能多样，一个原料可能同时有美白、抗炎、抗氧化、舒缓镇定等作用。再加上符合消费者对“绿色天然”的要求，所以很受消费者欢迎，当然这也就意味着满满的套路。

植物提取物的概念看起来“高大上”，然而，最终落地的时候都要面对两个绕不过去的问题，那就是植物提取物的颜色和味道对产品的影响。凡是喝过中药的人都知道，药汁难看又难喝，其实植物提取物又何尝不是如此呢？

面对困难和挑战，少数品牌硬着头皮迎难而上，也有很多品牌很巧妙地绕开，最典型的做法就是概念性地添加一丁点提取物，好比往游泳池的水里加一小勺原料。这么低的量甚至用仪器都检测不出来，到底有没有效果？也就只能靠感觉了。

下面以某芦荟保湿凝胶为例，剖析植物概念的套路。产品在外包装最显眼的位置标出数字 92%，顾客一看，92% 的芦荟胶！浓度这么高！真是开心！

但是别误会，人家说的可不是产品里 92% 都是芦荟胶。它最多只是告诉你，加进去的芦荟提取物的有效浓度是 92%。至于加了多少，混在一起后芦荟最终是多少，还是得看成分表。这款芦荟胶的成分如下：

水、双丙甘醇、丁二醇、乙醇、甘油、PEG-60 氢化蓖麻油、丙二醇、卡波姆、库拉索芦荟叶汁、三乙醇胺、1,2- 己二醇、苯氧乙醇、甜菜碱、EDTA 二钠、甘油聚丙烯酸酯、香精、透明质酸钠、聚谷氨酸等。

成分表中第八位的卡波姆是一个增稠剂，一般用量为 0.1%~0.6%，凝胶制品可用到 1.0%。芦荟叶汁排在卡波姆之后，可见其浓度必然不会高于 1.0%。

植物提取物到底有没有用？其实是有的，但是提取物的用量一定要保证，这是关键的前提。抛开剂量谈毒性或效果都是没有意义的。如果提取物含量不高，产品效果能有多大，那真是只有天知道。

植物提取物的常见套路是以某种提取物作为卖点，起一个非常动听的名字，成分表很长，一大堆植物提取物看上去非常豪华，把眼睛都亮瞎了，但仔细分析，用量却少得可怜。

这种做法以前在很多欧美收“智商税”的品牌里最常见，然后在韩国产品里发扬光大，达到登峰造极的地步，以某平衡液为例，其成分如下：

水、甘油、双丙甘醇、甘油聚醚 -26、聚乙二醇 -8、泛醇、PEG-40 氢化蓖麻油、丁二醇、辛甘醇、甘油三（乙基己酸）酯、聚季铵盐 -51、水解小麦蛋白、苯基聚三甲基硅氧烷、可可提取物、EDTA 三钠、聚丙烯酸钠、生物糖胶 -1、马齿苋提取物、刺五加根提取物、天门冬根提取物、药用黄精根茎 / 根提取物、何首乌根提取物、人参根提取物、关苍术根茎提取物、光果甘草根提取物、芍药根提取物、牡丹根提取物、车前草提取物、桃核仁提取物、黄芩根提取物、总状升麻根提取物、日本薯蓣根提取物、紫草根提取物、虞美人花瓣提取物、石榴果提取物、红车轴草叶提取物、枣果提取物、东当归根提取物、山茱萸果提取物、麝香草提取物等。

EDTA 三钠和 EDTA 二钠一样，用作螯合剂，用量非常少，此处肯定是在 1% 以下，可以作为参考点。在它之后从马齿苋提取物开始，到麝香草提取物结束，共有 23 种植物提取物，而且还是连在一起的，用量肯定很少，说不定就是象征性地加几滴进去，除了让成分表好看之外，真看不出有什么大的效果。

学坏容易学好难，这种套路在某些国货那里也有，以某保湿精华霜为例，其成分如下：

水、甘油、环五聚二甲基硅氧烷、丁二醇、矿油、海藻糖、聚二甲基硅氧烷、矿脂、丙烯酸钠 / 丙烯酰二甲基牛磺酸钠共聚物、蜂蜡、聚山梨醇酯 -60、山茶籽油、异十六烷、苯氧乙醇、羟苯甲酯、丙烯酸（酯）类 /C10-30 烷醇丙烯酸酯交联聚合物、丙烯酰二甲基牛磺酸铵 /VP 共聚物、三乙醇胺、PEG-10 聚二甲基硅氧烷、聚二甲基硅氧烷醇、聚丙烯酸钠、菊粉月桂基氨基甲酸酯、山梨坦倍半油酸酯、聚山梨醇酯 -80、香精、羟苯丙酯、黄原胶、库拉索芦荟叶汁、腺苷、山茶籽提取物、EDTA 二钠、水解伸展蛋白、透明质酸钠、CI 19140、CI 42090、丙二醇、圣地红景天根提取物、拳参根提取物、莲籽提取物、细叶益母草花 / 叶 / 茎提取物、地黄根提取物、诃子果提取物、忍冬花提取物、山茱萸果提取物、高良姜根提取物、桑果提取物、光果甘草根提取物、麦冬根提取物、积雪草提取物、山梨（糖）醇、黄檗树皮提取物、芍药根提取物、东当归根提取物、知母根提取物、丹参花 / 叶 / 根提取物、中国地黄根提取物、莲花提取物、梅果提取物等。

该配方中的 EDTA 二钠、透明质酸钠、色素（CI+ 阿拉伯数字）都是典型的用量在 1% 以下的成分，所以从圣地红景天根提取物到梅果提取物，连在一起的 21 个提取物也是象征性地加一点点，不过看在价格 65 元的份上也就忍了，反过来说，这么便宜的价格，肯定不可能给原料留出太多预算的空间。

以上列举的两个产品，原料的种类数目都超过 50 个，都有十几个甚至几十个植物提取物连在一起排列，就不要对它们的含量报什么希望了，这可以作为筛选产品的一种粗浅的方法。

总结：植物提取物目前还没有解决颜色和气味的问题，不少产品添加一点点提取物，却以此作为卖点大吹特吹。

1.4 肤质的分类方法

所谓肤质是皮肤表现出来的某些可以感知的特质，分类方法有很多，最常用的是按照出油情况分成干性、油性、中性和混合性（图 1.1）。

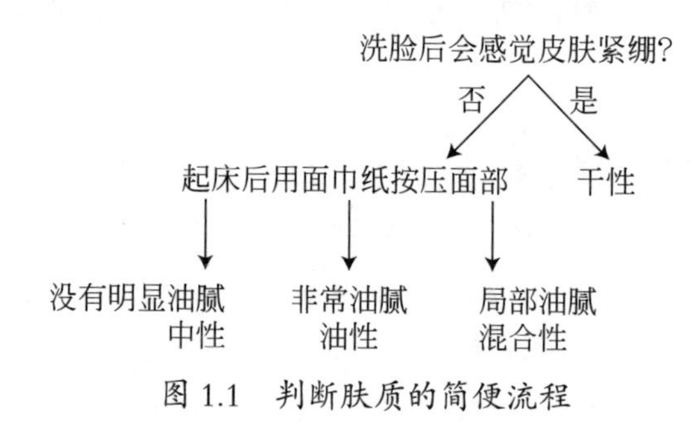

图 1.1 判断肤质的简便流程

用清水洗脸之后，什么都不涂抹，5 分钟之内如果感觉到脸上紧绷，那就是干性皮肤。干性皮肤的表现是毛孔细腻，容易感觉干燥紧绷，很早就出现皱纹。

早上起来之后用纸巾在脸上按压一下，如果纸巾上面全都是油，那就是油性皮肤。其特点是脸上油腻，毛孔粗大，容易长黑头、痘痘。如果 T 区（额头、鼻子、下巴）多油，而U区（两边脸颊）少油，那就是混合性皮肤。

中性皮肤是最幸运的，毛孔细腻不显眼，脸上没有多余的油，洗脸后不会感到干燥紧绷。

在判断肤质的时候，要注意肤质是动态变化的，一般和季节有关。例如夏季温度高，油脂分泌量大，到了冬天油脂分泌量减少，可能就从油皮变成干皮了。

这种分类方法的优点是简单直观，便于理解掌握，而且很实用，有助于指导我们选择清洁、保湿和防晒产品。其缺点是只涉及皮肤出油这一个标准，对于年轻皮肤来说是够用的，但是对于熟龄肌，特别是有皱纹、有色斑的皮肤来说，就不一定够用了。

有鉴于此，美国的褒曼医生提出另外一种分类方法，这种分类方法同时考虑皮肤的出油情况、皱纹情况、色斑情况和耐受情况 4 个指标，每种指标又分两种可能性，组合起来就一共有 16 种可能性。

褒曼医生的这种分类方法非常详尽，我们在商场专柜或者在各大网站、APP 做皮肤测试的时候，往往采用的就是这种方法。它的缺点是测试过程冗长烦琐，往往会被用作恐吓营销。

临床上还有一种 Fitzpatrick 皮肤分型方法，就是根据皮肤对日光照射后的反应和特点，分为 6 型（I~VI 型），各类型特点如图 1.2 所示。

分型	I	II	III	IV	V	VI
晒伤倾向	极易晒红	容易晒红	有时晒红	很少晒红	罕见晒红	从不晒红
晒黑倾向	从不晒黑	很少晒黑	有时晒黑	中度晒黑	容易晒黑	极易晒黑

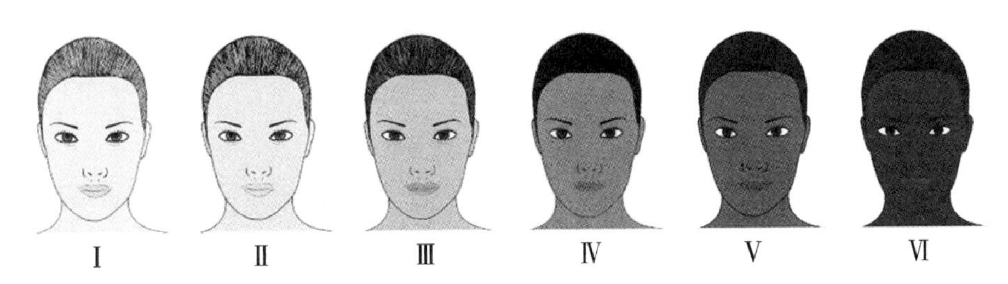

图 1.2　Fitzpatrick 皮肤分型

I 型和 II 型容易晒红、晒伤，但不容易晒黑，以欧美白种人为主。

V 型和 VI 型容易晒黑，以黑种人为主。

黄种人主要是 III 型和 IV 型，比较中性，有可能晒红、晒伤，也有可能晒黑。

Fitzpatrick 分型提示我们需要考虑皮肤生理结构的差异，根据中国人的皮肤特点来选择和使用产品，不要崇洋媚外。

例如，在选择防晒产品的时候，不要光看 SPF①，因为它只是衡量防晒产品防晒红、晒伤的性能标准。欧美白种人容易晒红、晒伤，他们高度关注 SPF 是无可厚非的，但是我们黄种人除了关注 SPF 之外，还要关注防晒黑的指标，也就是 PA②。

总结：肤质的分类方法有很多，最常用的是按照出油情况分成干性、油性、中性和混合性。

1.5 50% 假说

护肤品的效果，其实真的没有广告宣传的或者我们想象的那么大。我自己在长期的护肤实践中总结了一个 50% 假说（图 1.3）。

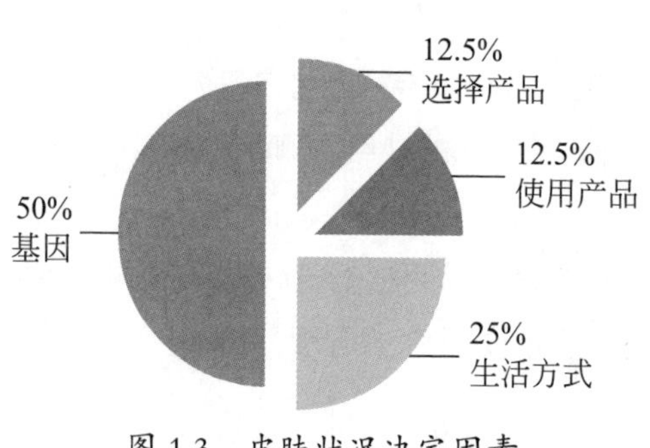

图 1.3 皮肤状况决定因素

皮肤的状况有 50% 取决于父母遗传的基因，这是先天的因素；

在后天能做的 50% 里面，与生活方式（包括饮食、睡眠、作息等）有关的占 25%，与涂抹护肤产品有关的也占 25%；

在产品的这部分因素里，有 12.5% 与正确选择产品有关，还有 12.5% 与正确使用产品有关。

以上每一步都是 50% 的比例关系，所以叫作 50% 假说。

以防晒为例，有些人怎么晒都晒不黑，这是爹妈给的基因好，羡慕不来的。

容易晒黑的人想要做好防晒，就要少晒太阳和出门打伞，这些生活方式的细节占 25%。

涂抹防晒产品在整个防晒工作中只占 25% 的比重，其中正确选择防晒产品占 12.5%，正确使用防晒产品也占 12.5%。所以我们既要选择好适合自己的防晒产品，还要正确地进行使用。

前者如油性皮肤优先选择氧化锌 + 酒精配方的防晒乳霜，后者如出门时提前涂抹防晒乳霜，用量一定要足，如果出汗造成流失还要定期补涂。

---

① SPF：sun protection factors，日光防护系数。

② PA：protection grade of UVA，UVA 防护等级。

如果不注意生活方式的细节，又不按照科学的方法去正确使用产品，只把希望都寄托在瓶子上，多半的结果就是希望越大，失望越大。防晒如此，美白、保湿、抗衰等也是如此。

总结：想要护肤，除了正确选择产品外，还要正确使用产品。更重要的是从生活方式入手，注意饮食、睡眠、作息等每一个细节。

2

防　　腐

2.1 防腐剂防什么?

化妆品的防腐剂是指添加在化妆品中预防或延缓微生物生长、防止化妆品腐坏变质的成分。

防腐就是抑制微生物，常见的微生物有细菌和真菌。有的微生物对人体有益，有的有害。但是不管有益还是有害，化妆品都要经过微生物检验，合格后才能销售，这是国家的强制规定。

所以所谓“活酵母”化妆品根本就是胡扯，如果真有活的酵母，那么它连国家的基本规定都不符合，怎么可能上市呢?实际上它们用的只是酵母菌的提取成分或者滤液而已。

既然防腐剂能够影响微生物，那么它必然也会对人产生作用。防腐剂的负面作用主要有两方面:一方面是会刺激皮肤，例如红肿、刺痛;另一方面是会扰乱皮肤的菌落平衡。

大多数微生物对人是有益或者无害的，如果长期过量地使用防腐剂，就会导致微生物不管好坏，通通都被干扰了，最终会影响皮肤的健康。

所以对防腐剂要有正确的认识:防腐剂不等于有害物质，它是基于目前的技术条件下迫不得已的妥协，它对人体没有什么好处，可能还会有一些坏处。但是，如果强行禁止使用防腐剂，带来的坏处可能会更大。

如何减少防腐剂对安全的影响呢?最重要的是避开不安全的防腐剂(如甲醛和甲基异噻唑啉酮)，选择相对安全的防腐剂。

总结:防腐剂的作用是防止化妆品腐坏变质，它是在目前技术条件下不得不做出的妥协。消费者在选择的时候要避开不安全的防腐剂，选择安全的防腐剂。

2.2 一票否决甲基异噻唑啉酮

甲基异噻唑啉酮这个防腐剂有两个优点:第一是高效，对于各种微生物都有非常好的效果;第二是便宜，添加在料体中的防腐剂成本大概是每千克 0.06 元。对比之下，如果用苯氧乙醇，成本大概是每千克 0.2 元;如果用二元醇防腐替代技术，成本大概是每千克 0.5 元。

由于甲基异噻唑啉酮既好用又便宜，所以非常受欢迎，应用范围很广。甲基异噻唑啉酮容易引起接触性皮炎，对儿童的影响更加大。2013 年美国接触性皮炎学会把甲基异噻唑啉酮列为年度接触性致敏物，相信没有哪个防腐剂想要这个称号。

根据欧盟的法规，甲基异噻唑啉酮被禁止用于驻留类化妆品（例如水、乳、霜、精华、面膜以及各种彩妆），它仅能用于洗面奶、洗发水、沐浴露之类的淋洗类化妆品，最大允许浓度为 0.0015%。

中国现行的 2015 年版《化妆品安全技术规范》规定，甲基异噻唑啉酮在化妆品中的最大允许使用浓度是 0.01%，而且没有禁止用于驻留类产品，所以在有些乳、霜、面膜中会看到这种防腐剂。

驻留类产品如果有甲基异噻唑啉酮，要实行一票否决制，坚决不用。因为厂家之所以选择这个防腐剂，就是因为便宜。既然可以为了省钱而选择不安全的防腐剂，那在其他原料上还会舍得投入吗？答案是不言而喻的：防腐剂很差，其他成分肯定也不会好到哪里去。

以某保湿水为例，其成分如下：

香叶天竺葵提取物、薰衣草花水、洋蔷薇花水、聚山梨醇酯 –203、香精、水、硝酸镁、甲基氯异噻唑啉酮、氯化镁、甲基异噻唑啉酮等。

甲基异噻唑啉酮、甲基氯异噻唑啉酮、硝酸镁、氯化镁这些混合物的商品名叫作卡松，防腐性能比甲基异噻唑啉酮单独使用还要好，但是标榜有机护肤的品牌使用这种防腐剂，让人无法理解。

淋洗类产品如果有甲基异噻唑啉酮，能不能用？答案是可以用，但是尽量不要用。道理同上。

甲基异噻唑啉酮除了在化妆品中使用之外，还会用于湿巾，而湿巾在中国还不属于化妆品，不需要标注全成分，有时候湿巾用了这种防腐剂消费者也不知道，所以需要特别注意。

总结：甲基异噻唑啉酮防腐效果很好，价格便宜，但是刺激性大，用了这个成分的驻留类产品要一票否决。

2.3 不必过分担心甲醛

甲醛是一种天然产物，在人体有，在苹果、葡萄等水果中也有。化妆品现在很少用甲醛作为防腐剂。但是它既便宜又好用，原料厂家就费尽心思地去挖掘它的价值。

结果找到一类物质，叫作甲醛释放体，可以缓慢地释放微量甲醛。常用的有咪唑烷基脲、双（羟甲基）咪唑烷基脲、DMDM 乙内酰脲，其特点是名字以“脲”结尾，国家规定的允许用量都不得超过 1%。

除此之外，还有其他一些防腐剂，例如 2- 溴 -2- 硝基 -1,3- 丙二醇（布罗波尔）、季铵盐 15、乌洛托品以及羟甲基甘氨酸钠，也可以认为属于甲醛供体。

甲醛释放体能不能用？这个问题目前还没有确定的答案。支持方认为，甲醛释放的速度非常慢，数量非常少，所以可以用；反对方则认为，不管怎么说，最终释放的还是甲醛，对人体有害，因此不能用。

我个人认为：从理论上来说，应该逐渐把甲醛释放体淘汰掉；但是考虑到实际国情，它目前仍然有存在的价值。在甲基异噻唑啉酮这类更刺激的防腐剂被淘汰以前，甲醛释放体在市场上还能够继续生存下去。

总结：名字以“脲”结尾的各种甲醛释放体防腐剂又便宜又好用，刺激性并非最大，是可以用的。

2.4　尼泊金酯别过量

尼泊金酯是对羟基苯甲酸酯的商品名，包括羟苯甲酯、羟苯乙酯、羟苯丙酯和羟苯丁酯。它们的性质稳定，防腐效果优异，使用频率一直名列前茅，常和其他防腐剂协同使用，达到“1+1 > 2”的效果。

2004 年有研究报道，在乳腺癌组织中检测到尼泊金酯，由此引发了对其安全性的讨论：尼泊金酯类防腐剂会致癌吗？会干扰激素分泌吗？

先回答第一个问题，到目前为止尚未有确切的证据证明这类防腐剂和乳腺癌有因果关系。以后会不会有呢？估计也不会有，因为它已经大规模应用几十年了，如果真的会引起乳腺癌，早就被发现了。

再说干扰激素的问题，日本有人研究了女大学生尿液中尼泊金酯的含量和月经周期的关系，发现尼泊金酯含量越高，月经周期就越短。结合其他证据，可以说，尼泊金酯长期积累在体内，确实是有可能对内分泌造成干扰，影响激素的分泌。

由于酯的碳链越长，油溶性越好，在体内积累的可能性就越大，所以尤其要尽量避开羟苯丙酯和羟苯丁酯。

如果很担心尼泊金酯对身体激素水平造成影响，该怎么办呢？

最好的办法当然是不用尼泊金酯，但是它的防腐效果好，技术上很难完全不用。所以只能退而求其次：控制它的使用量，毕竟抛开剂量谈毒性，都是没有意义的。

要控制尼泊金酯的使用量，就要控制护肤品的种类。国家规定的尼泊金酯的允许用量都不得超过 1%，使用单个产品不会超标。但是如果一天用好多种化妆品，层层叠加上去，最后尼泊金酯的总量就很可能会超出规定。

所以，建议夏天留在脸上的护肤品不超过 3 种，冬天不超过 4 种。即使是冬天，水、精华、乳、霜用下来，基本上能满足要求了，同时也可以避免防腐剂超标的风险。

总结：尼泊金酯总体安全，假如担心它影响激素的分泌，最好的办法是控制护肤品的使用，夏天留在脸上的产品不超过 3 种，冬天不超过 4 种。

2.5 有机酸与神仙水的口水味

常用的有机酸防腐剂包括苯甲酸和山梨酸，它们要在酸性条件下才能发挥抗菌防腐作用。

苯甲酸最早是从安息香树脂中获得，所以俗称安息香酸。化妆品常用它的钠盐（苯甲酸钠），单独用苯甲酸的防腐效果比较差，一般要复配其他防腐剂，苯甲酸遇到甘油的时候容易失去抗菌活性。

山梨酸单独用的防腐效果也比较差，一般要复配其他防腐剂。山梨酸的分子有两个双键，接触空气之后容易氧化变色。

使用有机酸防腐体系最出名的产品是某精华露，其成分如下：

> 水、半乳糖酵母样菌发酵产物滤液、丁二醇、1,2- 戊二醇、苯甲酸钠、羟苯甲酯、山梨酸。

该成分表中含有 3 种防腐剂，分别是苯甲酸钠、羟苯甲酯和山梨酸。为了避免苯甲酸钠遇到甘油失活，该产品没有选用甘油，而是用丁二醇和 1,2- 戊二醇来保湿，这两种二元醇还有防腐的作用。所以严格来说，除了水和半乳糖酵母样菌发酵产物滤液之外，其余 5 个成分都有防腐效果。

很多人用了某精华露之后觉得刺激，脸上泛红，原因何在呢？

苯甲酸钠和山梨酸都要在酸性环境下才有比较好的效果，所以含有这些成分的产品肯定是偏酸的，有去角质、加快角质代谢的作用，同时会刺激皮肤导致泛红。我个人认为它适合健康的皮肤使用，敏感性肤质还是尝试之后再做选择。

同理，有些产品号称是弱酸性配方，里面加了柠檬酸或者水杨酸之类的成分，同样会有刺激皮肤的风险。

这个产品刚开始是类似于发酵的味道，之后颜色会越来越黄，味道逐渐变为口水的酸味，原因与山梨酸分子不稳定、容易氧化变色有关系。

总结：有机酸防腐剂要在弱酸性环境下使用才能发挥防腐作用，在此条件下有刺激皮肤的风险以及去角质的作用。

2.6 酒精没有那么可怕

醇类防腐剂的种类比较多，判断方法很简单：名字的最后一个字都是“醇”，例如苯甲醇、苯氧乙醇。

苯甲醇稍微有一点芳香的气味，国家规定的允许用量不得超过 1%。它在香水、洗甲水以及强力卸妆液里用得比较多。它可能会让指甲变脆，当然对皮肤的刺激性也是非常厉害的。

苯氧乙醇和乙醇没什么关系，它是一个安全系数比较高的防腐剂，致敏性低，是目前使用频率最高的防腐剂之一，每千克化妆品添加的成本是 0.2～0.3 元。

国家规定苯氧乙醇的允许用量不得超过 1%，它在高浓度下会产生发热感和轻微的刺痛感，一般添加量是在 0.4% 左右。由于它很常用，所以可以用它来作为化妆品成分浓度高低的判断参考点。

乙醇（俗称酒精）不在化妆品限用防腐剂的目录里，但确实有防腐的作用。乙醇对皮肤是有刺激的，经常看到有些人抱怨自己原来是油性皮肤，因为酒精用多了，结果皮肤过敏了。

这种说法其实是没有道理的：门诊的医生每面诊一个病人，就要用酒精擦一次手来消毒。一天至少面诊六七十个病人，一辈子面诊三四十年，等到医生退休的时候，手的皮肤也没变得很皱，所以皮肤敏感不能怪罪酒精。

对于酒精在化妆品里的应用是存在争议的，我个人认为，酒精在迫不得已的情况下用于护肤品是可以的。

什么叫作迫不得已呢？以日本的防晒乳霜为例，为了达到清爽的肤感，往往用酒精配合氧化锌使用，因为酒精容易挥发，更容易达到清爽的肤感。

反面的例子如某肌底液，里面也有酒精，而且浓度还不低，成分表上排名第四，很多人用了这个产品之后，皮肤会出现不稳定，所以酒精在这里就不是迫不得已的。

总结：苯氧乙醇是比较安全、比较推荐的防腐剂。乙醇虽然不是防腐剂，但是也有防腐的效果。

2.7 碘的风险不止在盐

食盐要不要加碘，一直是一个有争议的话题。其实碘不止存在于食物中，也存在于化妆品中。

化妆品中使用的一个含碘的防腐剂叫作碘代丙炔基氨基甲酸丁酯，英文缩写为 IPBC，是目前最有效的防霉剂。另外，由于碘丙炔醇丁基氨甲酸酯含有碘，可能会导致碘过量，标签上必须标印“三岁以下儿童勿用”。其在淋洗类产品中最大允许使用浓度为 0.02%，禁止用于唇部产品中。

由于碘资源分布具有地域差异性，我国有部分地区属于水源性高碘地区，所以我个人不赞同化妆品中添加碘代丙炔基氨基甲酸丁酯，尤其是不能用在身体类产品中，因为身体的表面积大，可能会过量吸收防腐剂造成体内碘超标；它最多只能用在洗面奶、洗发水、沐浴露这一类淋洗类的产品中。

总结：碘代丙炔基氨基甲酸丁酯是目前最有效的防霉剂，但可能会导致碘过量。

2.8 无防腐的真相

由于一些恐吓性的宣传，消费者对防腐剂的担忧越来越多，各大品牌也随之推出各种宣称不含防腐剂或者不添加防腐剂的产品。目前不添加防腐剂或不含防腐剂的情况主要分为以下 3 种情况。

1. 产品本身就不需要防腐剂

防腐剂是抑制微生物生长的成分，如果微生物在产品里没有办法生长，那么就不需要加防腐剂了。

微生物生长需要哪些条件呢？最重要的条件有 3 个：水分、合适的酸碱度以及合适的温度。

第一个影响微生物生长的因素是水。微生物需要水，如果产品的含水量下降到某一程度（不要求完全无水），微生物就无法生长。例如香水里面主要是酒精，水的含量非常低，所以大多数香水是不需要防腐剂的。

除了香水之外，各种不含水的固体产品，例如爽身粉、洁颜粉或者粉状面膜也不需要防腐剂。

假如产品不含水，全是油，最好还是要加防腐剂。因为产品开封之后会吸收水分，导致微生物生长。另外，防腐剂必须是既能在水里溶解，又能在油里溶解，才能发挥其作用。

第二个影响微生物生长的因素是酸碱度，即 pH。大多数微生物的生长环境 pH 值是 5.5～8.5，在强酸或者强碱环境下都很难生长。但是这种极端条件的防腐价值非常小，因为它对皮肤有很强的刺激。

典型的例子是染发剂产品，染发剂分成一剂、二剂，用两个不同的管装着，有一根管装着氨水，是一种有特殊臭味的碱，微生物在氨水中是比较难生长的，所以往往不需要加防腐剂。

第三个影响微生物生长的因素是温度。绝大多数微生物经高温处理都会被杀死，接下来再用特殊的包装，防止化妆品使用过程中造成二次污染，就可以不添加防腐剂。

面膜是典型的一次性使用包装，所以面膜是完全可以不加防腐剂的，关键是要做好高温处理、无菌包装、抽真空封装，再配合一次性使用，就可以达到目的。

反面例子是气垫霜，里面配一个粉扑，使用的时候粉扑和皮肤接触，二次污染程度是非常大的，所以气垫霜的粉扑一定要及时清洗并晾干。

小结：不添加防腐剂的第一种情况是有一些化妆品本身就不需要添加防腐剂，例如不含水或者水分很少的产品、强碱或者强酸的产品、高温处理且一次性使用的产品。

2. 加了防腐剂，但是不告诉你

本身就不需要添加防腐剂的产品往往都有很特殊的要求，在整个化妆品领域里，能满足这些条件的产品估计连 5% 都不到，剩下的 95% 的产品是如何做到不添加防腐剂或者不含防腐剂的呢？

化妆品添加了防腐剂可以不标注吗？

答案是：可以！关于化妆品成分标注的规定其实是有漏洞的。

例如生产玫瑰花水的厂家，假如不添加防腐剂，玫瑰花水很快就会坏掉，所以是一定要加防腐剂的。这些防腐剂是原料厂家为了保证原料的质量而添加进去的，可以不标注。所以生产厂家要宣称“不添加防腐剂”其实是很容易的，让原料商帮忙添加就行了。

这种做法的特点是只敢说“不添加防腐剂”，不敢说“不含防腐剂”。因为生产厂家在生产过程中确实没有添加防腐剂，至于在别的环节有没有加，那就不知道了。

小结：不添加防腐剂的第二种情况是加了防腐剂，但是不告诉你，它往往是在生产环节之外的其他环节添加进去的。

3. 用一些不叫防腐剂的防腐成分替代防腐剂

不添加防腐剂的第三种情况是用一些不叫防腐剂的防腐替代成分，来起到防腐的作用。

什么是防腐替代成分？国家规定了 51 类能够在化妆品里应用的防腐剂，除了这 51 类成分之外，还有其他一些成分原料不在目录上，但是也有防腐的功能，这些物质就是防腐替代成分，也叫作非传统防腐剂，或者不受限抗菌原料。

常用的防腐替代成分包括二元醇、对羟基苯乙酮、辛酰羟肟酸、脂肪酸甘油单酯、EDTA、氧化锌，以及某些天然植物提取物、发酵产物或者酶体系等。

这些成分与传统的防腐剂相比，安全性比较高，但是价格比较贵，而且单独使用的时候，防腐性能不是很理想，往往要和其他成分复配使用。

以二元醇为例，可用于防腐的二元醇是邻位二元醇，包括丁二醇、戊二醇、己二醇、辛二醇、癸二醇、辛甘醇、乙基己基甘油等，这些成分易溶于水，可以作为保湿剂，同时也有防腐的效果，安全性比较好，符合绿色安全的发展趋势。

但是有两个因素制约了它们的应用，一个是用量大、价格高，成本比一般的防腐剂要高 5～10 倍。例如，用甲基异噻唑啉酮，每千克添加的防腐剂成本是 0.06～0.07 元，但是如果用二元醇，每千克的添加成本就会上升到 0.5 元左右。

另一个制约因素是二元醇在高浓度下，皮肤发热的感觉非常明显，而且碳链越长，发热感和刺激感越大，在面膜中尤其明显，消费者体验很不好。

除了二元醇之外，有些植物提取物对微生物也有抑制效果；但是它们用作防腐剂同样有两个障碍：第一个是需要在较高浓度下才有抗菌活性，因此也有成本的问题；第二个是植物提取物的成分很复杂，某些成分有致敏性，有些甚至是禁用物。

以茶树精油为例，茶树精油也叫茶树油，抗菌活性比较弱，有些成分可能有刺激皮肤的作用。2004 年欧盟对茶树油的安全性进行评估之后，认为基于现有的资料，不足以对茶树油的安全性做出结论。

由于天然 / 植物提取物作为防腐剂的使用不够广泛，故实际应用的价值不大，最多只能担任辅助的角色。从某种意义上讲，这些成分在防腐领域的使用仅仅是一个美好的愿望。

小结：不添加防腐剂的第三种情况是用一些不在防腐剂目录上，但是又有防腐作用的成分原料，来起到防腐的作用。

2.9　防腐剂小结

防腐剂的使用是一种不得已的妥协，能不能做出不含防腐剂的产品呢？

可以，但是这样的产品在成本、技术以及使用方面有特殊的要求。所以没有必要强行要求厂家生产不含防腐剂的化妆品。

抛开剂量谈毒性，都是没有意义的。比如水是一种很安全的东西，但是过量饮用也可能致命；防腐剂确实对皮肤有刺激性，但是在正常合理的条件下使用，它的副作用是可以接受的。作为一个理性的消费者，最重要的是了解各类防腐剂的特点，然后避开不安全的防腐剂。

从目前的科学证据来看，效果优秀的防腐剂中，尼泊金酯类防腐剂的安全性是很高的（对激素的干扰暂不考虑），苯氧乙醇的安全性也比较高，但是也有些人的皮肤不耐受苯氧乙醇的刺激；甲基异噻唑啉酮的安全性相对很低。

总结：防腐剂是迫不得已的妥协；理性的消费者没有必要片面追求不含防腐剂的化妆品，应尽量选择低刺激的防腐剂，避开高刺激的防腐剂。

3

清　洁

3.1 水油通吃的表面活性剂

清洁产品有很多，包括用在脸上的洗面奶，用在头发上的洗发水，用在牙齿上的牙膏，以及用在身体上的沐浴露，这些清洁产品共同的核心成分是表面活性剂。

什么是表面活性剂？举个例子，路上有一男一女两口子，一般来说，男人走路的步伐要比女人快，两个人的步伐速度不一致，必然就会造成距离越来越大，怎么办呢？

如果他们两个中间还牵着个小朋友，那么小朋友就把两人的步伐给协调一致了，这个小朋友就是表面活性剂。

水和油混合在一起必然会分层，如果把表面活性剂加进去，就好比小朋友在爸妈之间起到协调作用一样，水和油就能够均匀稳定地混合了。

表面活性剂在化妆品中最重要的是清洁作用和乳化作用。脸上的油用水洗是很难洗干净的；但是加了表面活性剂之后，油就能够被水带走了，这就是表面活性剂的清洁作用。

至于乳化作用就更好理解了，大多数乳霜产品都是既有水又有油的，如果只是简单将两者混合在一起，它们没有办法共处，必然要分层。加入表面活性剂就能够使水和油稳定共存，形成乳或者霜，此时的表面活性剂又称为乳化剂。

表面活性剂分为 4 种，分别是带正电的阳离子型表面活性剂、带负电的阴离子型表面活性剂、既带正电又带负电的两性离子型表面活性剂、不带电的非离子型表面活性剂。

从清洁力的角度来说，阴离子型表面活性剂的清洁力是比较强的，而非离子型和两性离子型表面活性剂的清洁力是比较温和的，刺激也比较小。

3.2 皂基不是魔鬼

什么是皂？它没有一个标准的定义，一般来说，皂可以理解为长链脂肪酸和碱发生反应得到的脂肪酸盐，皂基洁面产品是指以脂肪酸盐作为核心成分的洁面产品。

皂基配方的优点是清洁力强，泡沫丰富，肤感清爽，所以油皮者爱用。

皂基配方的缺点是清洁力太强，容易引起清洁过度，例如越洗越油、外油内干、皮肤敏感等现象。

皂基洁面产品便宜好用，目前还是市场上的主流，但是要科学使用，它适合健康的油性皮肤夏季晚间使用；春、秋、冬季可以用于周护理，一周用一次足矣。中性皮肤、干性皮肤少用慎用；敏感性皮肤最好敬而远之。

怎样判断一个洗面奶是不是皂基配方呢？下面给出两条判断规则。

规则一：如果成分表有氢氧化钾，就有 80% 的把握说这是一个皂基配方。

规则二：如果氢氧化钾排在成分表的前 7 位，就有 99% 的把握说这是一个皂基配方。

皂是脂肪酸和碱反应之后得到的盐，常用的碱是氢氧化钾，在某些产品中也会用到氢氧化钠或者三乙醇胺。但是氢氧化钠生成的盐太硬，只适合用于固体皂；而三乙醇胺生成的盐太软，并且遇到铁离子的时候容易变色，所以抓住氢氧化钾这个牛鼻子，就很方便判断。

氢氧化钾为什么要排在成分表的前 7 位？因为常用的脂肪酸包括月桂酸、肉豆蔻酸、棕榈酸和硬脂酸。根据产品的要求不同，一般采用一种酸为主体，其他酸为辅助的搭配，有时候可能只用 3 种或者 2 种，有时候 4 种脂肪酸都会用到。

考虑最极端的情况，4 种脂肪酸都会用到，再加上水和一种保湿的醇，接下来也该轮到氢氧化钾了，所以氢氧化钾的排名应该在前 7 位。

以某 A 洁面乳为例分析皂基配方的特点，其成分如下：

水、肉豆蔻酸、甘油、山嵛酸、棕榈酸、氢氧化钾、甲基椰油酰基牛磺酸钠、月桂酸、硬脂酸、蒙脱土、香精、PEG-3 二硬脂酸酯、EDTA 二钠、PCA 钠、尿素、丁羟甲苯、咖啡因、锯叶棕果提取物、聚季铵盐 -7、苯氧乙醇、透明质酸钠、硝酸镁、酵母菌溶胞物提取物、海藻糖、聚季铵盐 -51、丁二醇、甘草酸二钾、酵母提取物、石榴果汁、生育酚乙酸酯、肌酸、甲基氯异噻唑啉酮、枸杞（Lycium Chinense）果提取物、氯化镁等。

该成分表中含有肉豆蔻酸、棕榈酸、氢氧化钾、月桂酸、硬脂酸，氢氧化钾排名第六，是典型的皂基配方。

该成分表中的防腐体系是聚季铵盐、丁羟甲苯、苯氧乙醇配合卡松（氯化镁、硝酸镁、甲基异噻唑啉酮和甲基氯异噻唑啉酮的混合物），防腐效果非常好，但是对皮肤有刺激，只能用于淋洗类的化妆品里面。高端的品牌用这种防腐剂，虽然合理合法，但是与品牌形象完全不匹配。

该成分表中添加了透明质酸钠和一大堆提取物作为保湿抗衰的成分，不过排在苯氧乙醇之后，添加的量肯定非常少，而且洗面奶这种产品在脸上停留的时间都非常短，很快就会洗去，没有办法发挥作用。

该成分表中香精的排名非常靠前，这是典型的百货专柜品牌的做法，有人喜欢有人不喜欢。

该品牌和广告虽然高大上，但是原料和配方实在不足称道，而且加了很多完全没有必要的香精和色素，是大品牌典型的本末倒置的做法。

再如某 B 洁面乳，其成分如下：

水、硬脂酸、聚乙二醇 -8、肉豆蔻酸、氢氧化钾、甘油、月桂酸、乙醇、丁二醇、甘油硬脂酸酯 SE、聚季铵盐 -7、植物甾醇 / 辛基十二醇月桂酰谷氨酸酯、丝胶蛋白、EDTA 二钠、山梨酸钾等。

该成分表中氢氧化钾排名比较靠前，清洁力很强。通过添加聚乙二醇、甘油等吸湿剂和油性成分来减少洁面后的干燥，洗完脸不会感觉紧绷，但是产品的本质不变，长期使用会加重皮肤干燥、敏感等状况。

在前面两条规则的基础上，如果看到名称有深层、彻底、强力、清爽、控油这些字样，那就有百分之百的把握说这是一个皂基配方，这是基于产品的名称和广告宣称做出的合理推断。

例如某 C 洁面乳，其成分如下：

水、甘油、肉豆蔻酸、丙二醇、棕榈酸、硬脂酸、氢氧化钾、月桂酸、聚乙二醇 -8、甘油硬脂酸酯、PEG-150 二硬脂酸酯、皱波角叉菜提取物、羟乙基纤维素、香精等。

再如某洗面乳，其成分如下：

水、硬脂酸、甘油、聚乙二醇 -8、丙二醇、肉豆蔻酸、氢氧化钾、月桂酸、蜂蜡、甘油硬脂酸酯等。

以上两个产品都是很典型的皂基洁面产品。

再如某 D 洁面乳，其成分如下：

水、硬脂酸、肉豆蔻酸、聚乙二醇-8、氢氧化钾、月桂酸、聚乙烯、甘油、双丙甘醇、乙醇、薄荷醇、蜂蜡、(日用)香精、群青类、滑石粉、生育酚乙酸酯、乙基纤维素、EDTA二钠、丁羟甲苯、硅石等。

从成分表来看，这是一个典型的皂基配方。用乙醇和薄荷醇制造一种清凉舒爽的肤感，用滑石粉和硅石来作为磨砂的颗粒。产品名字还特地突出深层、净爽、磨砂3个特性，夏天偶尔用用可以，肤感非常清爽，但是长期使用对皮肤会造成一定负面影响。

有些产品不是加入氢氧化钾和各种有机酸，而是直接加入脂肪酸盐，如月桂酸钾、肉豆蔻酸钾、棕榈酸钾、硬脂酸钾，这种也是皂基产品。例如某洗面奶，其成分如下：

水、肉豆蔻酸钾、硬脂酸、甘油、双丙甘醇、硬脂酸钾、椰油酰甘氨酸钾、聚乙二醇-75、月桂酸钾、高岭土、聚乙二醇-6、聚乙二醇-32、海藻糖硫酸酯钠、氢化卵磷脂、透明质酸钠、水解胶原等。

肉豆蔻酸钾是肉豆蔻酸和氢氧化钾反应得到的产物，所以该产品实质还是皂基配方。

如果氢氧化钾在成分表中位置很靠后，说明添加的量很少，不一定是皂基配方。例如某婴儿洗面奶，成分如下：

水、甘油、硬脂酸、棕榈酸、肉豆蔻酸、月桂酸、月桂酰胺丙基羟磺基甜菜碱、椰油酰胺MEA、透明质酸钠、酵母提取物、芦荟提取物、氢氧化钾、羟苯甲酯、羟苯丙酯、双(羟甲基)咪唑烷基脲、碘丙炔醇丁基氨甲酸酯等。

氢氧化钾的排名在透明质酸钠之后，可以推断其含量不会高于1%。前面有4种有机酸，它们的浓度不会比氢氧化钾低，根据化学配比关系推断氢氧化钾根本不够用来中和这些有机酸，所以这个产品不算是皂基配方。

产品的防腐体系是两种尼泊金酯和甲醛释放体双(羟甲基)咪唑烷基脲，以及碘丙炔醇丁基氨甲酸酯，安全性不太好。

总结：皂基配方洗面奶的核心成分是氢氧化钾，它容易造成过度清洁，只适合健康的油性皮肤夏季晚间使用，春、秋、冬季可以用于周护理。

3.3　SLS 也不是魔鬼

烷基硫酸酯盐是另一类常用的清洁成分，清洁力强，泡沫丰富，易溶于水，可以单独使用，也可以和其他清洁成分一起使用，价格很便宜，因此在清洁类化妆品中有广泛的应用。

对于这类成分判断方法很简单，只要在洗面奶的成分表里看到有“硫酸”这两个字，基本上就可以确定了。硫酸酯盐有两个典型的代表：一个是月桂醇硫酸酯钠，缩写是 SLS；另一个是月桂醇聚醚硫酸酯钠，缩写是 SLES。

月桂醇硫酸酯钠清洁性能优越，在洗面奶、洗发水、沐浴露和牙膏中都有广泛的应用。特别是大多数洗发水和牙膏都离不开月桂醇硫酸酯钠。这几年洗发水流行无硅油的概念，其实无硅油指的是不含硫酸酯盐的洗发水，可以说硅油是为硫酸酯盐背了一个黑锅。

月桂醇硫酸酯钠的缺点在于清洁力太强，而且会刺激皮肤，常用于抗炎效果的研究。例如，在皮肤上涂抹月桂醇硫酸酯钠产生炎症，然后把它和某种植物提取物一起涂抹，进行比较，假如炎症明显改善，就可以说这种植物提取物具有抗炎效果。

因此，含有月桂醇硫酸酯钠的洁面产品也要科学使用，它也适合健康的油性皮肤夏季晚间使用；春、秋、冬季可以用于周护理，一周用一次足矣。中性皮肤、干性皮肤少用慎用；敏感性皮肤最好敬而远之。

含有月桂醇硫酸酯钠的清洁产品很多，例如某洁面乳，其全成分如下：

水、鲸蜡醇、丙二醇、月桂醇硫酸酯钠、硬脂醇、羟苯甲酯、羟苯丙酯等。

这款产品的配方非常简单，刚进入中国市场的时候，通过宣称“零刺激”取得了不小的名头。我也曾经对这种产品推崇备至，认为配方精简，可以给干性皮肤甚至敏感性皮肤使用。

但是随着其知名度的扩大，有很多顾客以及配方专家对这款产品提出质疑和批评，大家吐槽最多的就是洗不干净。

从配方来看，真正能起到清洁作用的唯有月桂醇硫酸酯钠，它的清洁力是比较强的。如果用这个成分的洗面奶还洗不干净，那就证明添加量太少，既然添加的量很少，它又具有刺激性，那为什么要加进去呢？

业内知名的配方工程师彭先生认为，月桂醇硫酸酯钠在这个体系里最重要的不是充当清洁成分，而是充当一个乳化剂，将添加量比较高的鲸蜡醇和硬脂醇乳化。在此丙二醇只充当分散剂和溶剂，所以这款洗面奶可以理解成一个膏霜。

由于月桂醇硫酸酯钠的添加量很少，所以清洁力和刺激性都比较低，但油性皮肤会觉得它清洁力太弱，而敏感性皮肤又会担心月桂醇硫酸酯钠的刺激性，这款产品给人一种两边不讨好的感觉。

所以我也要修正以前我的一些不正确的看法，这款洁面乳干性和敏感性肤质还是少用为妙。

总结：月桂醇硫酸酯钠便宜好用，但是清洁力和刺激性太强，容易造成过度清洁和皮肤刺激，只适合健康的油性皮肤夏季晚间使用，春、秋、冬季可以用于周护理。

3.4 SLES 致癌？

月桂醇硫酸酯钠有一个亲戚，叫作月桂醇聚醚硫酸酯钠，缩写是 SLES，它的清洁力强，泡沫丰富，而且不受酸碱度和水的硬度的影响，因此在洗面奶、洗发水和牙膏中有广泛的应用。

月桂醇聚醚硫酸酯钠通过加成环氧乙烷增加了亲水基，刺激性低于月桂醇硫酸酯钠，用法和注意事项与后者相似，适合健康的油性皮肤在夏季的晚上用。

下面以某洁面乳为例分析其配方特点，其成分如下：

水、甘油、双丙甘醇、月桂醇聚醚硫酸酯钠、椰油酰胺丙基甜菜碱、月桂醇硫酸酯 TEA 盐、椰油酰两性基二乙酸二钠、苯氧乙醇、辛基十二醇聚醚 -16、羟苯甲酯、PEG-40 氢化蓖麻油、PEG-60 氢化蓖麻油、香精、EDTA 二钠、椰油酰甘氨酸钾、甲基异噻唑啉酮、丁二醇、茶叶提取物、细叶益母草花 / 叶 / 茎提取物、丙二醇、地黄根提取物、诃子果提取物、山茱萸果提取物、圣地红景天根提取物、高良姜根提取物、桑果提取物、光果甘草根提取物、麦冬根提取物、积雪草提取物、山梨（糖）醇、黄檗树皮提取物、芍药根提取物、东当归根提取物、忍冬花提取物、丹参花 / 叶 / 根提取物、中国地黄根提取物等。

先找到该成分表中的苯氧乙醇、羟苯甲酯和甲基异噻唑啉酮这 3 个关键点，在甲基异噻唑啉酮后面的一大堆植物提取物的用量一定非常低，而且用在洗面奶这种淋洗类产品里，更加是可有可无的，是一个点缀而已。

接下来看表面活性剂，该成分表中一共用了 5 个清洁成分，分别是月桂醇聚醚硫酸酯钠、椰油酰胺丙基甜菜碱、月桂醇硫酸酯 TEA 盐、椰油酰两性基二乙酸二钠和椰油酰甘氨酸钾。

最后这个椰油酰甘氨酸钾是一个酰基氨基酸成分，但是它夹在两个防腐剂之间，所以用量也是不多的；该配方的清洁作用主要还是依靠月桂醇聚醚硫酸酯钠和月桂醇硫酸酯 TEA 盐，后者是月桂醇硫酸酯钠的兄弟，性质差不多。

近年来，关于添加的月桂醇聚醚硫酸酯钠含有二噁烷、会致癌的报道此起彼伏，还影响到了聚醚类的表面活性剂，这到底是怎么回事？二噁烷和月桂醇聚醚硫酸酯钠到底是什么关系呢？

二噁烷在化妆品中属于禁用成分，国际癌症研究机构 (International Agency for Research on Cancer, IARC) 将其列为 2B 类 (已知对动物具有致癌性)。无论正规企业也好，非正规企业也好，没有哪个企业会特地往化妆品里添加二噁烷，因为它没有任何功能作用，反而会增加成本。

那么化妆品中的二噁烷是怎么产生的呢？原因在于生产过程中，需要用到环氧乙烷，而环氧乙烷加和的副产物就是二噁烷。所以，凡是生产中用到环氧乙烷的，例如聚氧乙烯醚、聚醚、聚乙二醇，或者有英文字母 PEG 字样的原料，都可能有二噁烷残留。

所以此洁面乳配方中，除了月桂醇聚醚硫酸酯钠之外，可能会导致二噁烷残留的成分还包括辛基十二醇聚醚 -16、PEG-40 氢化蓖麻油和 PEG-60 氢化蓖麻油。

由于技术上不可避免的原因，二噁烷会随原料进入化妆品中。目前尚没有确凿证据显示微量的二噁烷会危及人体健康。因此，二噁烷虽然是化妆品禁用组分，但各国都只是基于实际情况设定一个安全值。

怎样看待二噁烷的残留？其实并不需要过分担心，抛开剂量谈毒性，都是没有意义的。国际上现在还没有二噁烷限量的标准，中国的标准是低于 30mg/kg。通过计算可以发现，只要含量低于 37mg/kg，风险就是可控的，不会有系统性的风险[1]。

关于月桂醇聚醚硫酸酯钠安全性的报道，近些年可以说是此起彼伏，例如中国香港地区的消费者委员会检测发现，宝洁旗下的多款洗发水中二噁烷的含量超过了欧盟消费者安全科学委员会的建议标准 (10mg/kg)。经过媒体传播之后，“宝洁产品含二噁烷”就被偷换概念，变成了“宝洁的产品有毒”，或者“宝洁二噁烷超标”，或者“宝洁搞双重标准歧视中国消费者”，甚至说含二噁烷的化妆品不安全，不含二噁烷的化妆品更安全。

宝洁的风波和早几年的霸王洗发水事件如出一辙，对化妆品业内人士来说是老生常谈的常识，消费者却是完全陌生的；新闻媒体上关于二噁烷风险的炒作，上演了一遍又一遍，让人想起一句老话：太阳底下没有新鲜事。

总结：月桂醇聚醚硫酸酯钠难以避免会有二噁烷残留，目前没有确切证据证明极低浓度的二噁烷会产生危害。

参考文献

[1] 李霞，李钟瑞．化妆品中二噁烷的安全性评价 [J]. 日用化学品科学，2015(7):8-10.

3.5 最不出错的氨基酸表活①

除油性皮肤之外的其他肤质该怎么选择洗面奶？其实很简单，只要避开氢氧化钾和硫酸字样的洗面奶，剩下的随便挑。无论是氨基酸配方、甜菜碱配方还是烷基糖苷配方，总体来说都是比较安全的，当然清洁力方面还是会有差异。

先给氨基酸洁面产品下一个定义：氨基酸洁面产品是以酰基氨基酸盐为主要表面活性剂的产品。酰基氨基酸盐具有较好的清洁作用，泡沫丰富，安全温和，下面为了简便起见称它为氨基酸，注意不要和真正的氨基酸混淆了。

氨基酸洁面产品的好处是在清洁力和安全性之间取得了一个较好的平衡，但是成本高，技术难度大，现在市面上有很多挂羊头卖狗肉的氨基酸洁面产品。要识别这些李鬼，关键是紧紧盯住酰基氨基酸盐，它的命名方法一般是：XX 酰 Y 氨酸 Z，认准“酰”“氨酸”这 3 个字，就基本没错了。

前面的 XX 是酰基，通常是月桂、椰油、棕榈。

中间的 Y 是氨基酸名字，通常是谷氨酸、甘氨酸、丙氨酸。

最后的 Z 是亲水的钠、钾、三乙醇胺 /TEA。

以上结构模块可以随意组合，例如椰油酰谷氨酸钠、月桂酰甘氨酸钾、棕榈酰丙氨酸 TEA。

以某洗面霜为例，其成分如下：

---

① 本文部分产品信息来源于知乎网友初小果的文章，特此致谢。

甘油、椰油酰甘氨酸钾、水、丁二醇、月桂醇磺基琥珀酸酯二钠、聚甘油 -10 肉豆蔻酸酯、甘油硬脂酸酯 SE、柠檬酸、烟酰胺、日本川芎根提取物、温州蜜柑果皮提取物、光果甘草叶提取物等。

该成分表中从柠檬酸开始的成分都是点缀，加起来最多也就是几个百分点而已。丁二醇由于成本的原因，用量大概在 5%，月桂醇磺基琥珀酸酯二钠作为起泡剂用量大概也是这么多，因此甘油、椰油酰甘氨酸钾、水 3 个成分占据了 85%～90% 的含量。由于体系中没有防腐剂，完全是靠高浓度的甘油和丁二醇将水的活度降下来，达到防腐抑菌的效果，推测甘油用量为 35%～40%，椰油酰甘氨酸钾为 30%～35%，水为 15%～20%。

再如某水晶皂，其成分如下：

椰油酰基谷氨酸 TEA 盐、水、甘油、尿素、肉豆蔻醇、香柠檬果油、羟乙二膦酸、油橄榄果油等。

该产品虽然叫作皂，但不是皂基产品。椰油酰基谷氨酸 TEA 盐是一个酰基氨基酸表面活性剂，但是三乙醇胺盐比较软，放置在浴室的潮湿环境中容易变得软趴趴的。

氨基酸洗面奶有很多套路，一些所谓的氨基酸洗面奶里面添加的是真正的氨基酸，如某 A 洁面乳，其成分如下：

水、肉豆蔻酸、甘油、丙二醇、月桂酸、硬脂酸、乙二醇二硬脂酸酯、PEG-150 二硬脂酸酯、氢氧化钾、蜂蜡、油橄榄果油、PEG-120 甲基葡糖二油酸酯、蜂蜜提取物、1,2- 己二醇、甘油硬脂酸酯、EDTA 二钠、丁二醇、甘氨酸、谷氨酸、赖氨酸、亮氨酸、蛋氨酸、缬氨酸、丝氨酸、半胱氨酸、天冬氨酸、丙氨酸、精氨酸、异亮氨酸、酪氨酸、苏氨酸、苯丙氨酸、脯氨酸、组氨酸、椰油酰胺丙基甜菜碱等。

该产品实质还是皂基配方；丁二醇之后的氨基酸成分（从甘氨酸到组氨酸）是“真正的”氨基酸，只能起到保湿的作用，对清洁并无帮助。

这种鱼目混珠、指鹿为马的套路还有一个更差的做法，就是完全没有加入氨基酸，却打着氨基酸的旗号招摇撞骗，例如某 B 洁面乳，其成分如下：

水、EDTA 二钠、甘油、羟苯甲酯、卡波姆、尿囊素、羟苯丙酯、聚乙二醇 -400、月桂基葡糖苷、椰油酰胺 DEA、三乙醇胺、甲基异噻唑啉酮、碘丙炔醇丁基氨甲酸酯等。

该成分表中连氨基酸的影子都没有，也就只能骗骗对成分不了解的顾客。

还有一种套路称为喧宾夺主，就是加入少量酰基氨基酸盐，它在成分表的排名比较靠后，不是主要的表面活性剂成分，却称为氨基酸洁面。例如某 C 洁面乳，其成分如下：

水、硬脂醇、甘油、丙二醇、月桂醇聚醚硫酸酯钠、棕榈酸、月桂醇、肉豆蔻酸、氢氧化钾、椰油酰胺丙基甜菜碱、椰油酰胺 DEA、乙二醇二硬脂酸酯、PEG-150 二硬脂酸酯、甘油硬脂酸酯、PEG-100 硬脂酸酯、椰油酰谷氨酸钾、月桂酰肌氨酸钾、羟丙基甲基纤维素、羟苯甲酯、羟苯丙酯等。

该成分表中虽然加了椰油酰谷氨酸钾和月桂酰肌氨酸钾，但是位置比较靠后，配方架构的主体还是月桂醇聚醚硫酸酯钠和皂基，所以不算是一种真正的氨基酸洁面产品。

再如某洁面霜，其成分如下：

水、甘油、PEG-150 二硬脂酸酯、羟乙基纤维素、聚乙二醇 -14、EDTA 二钠、月桂醇聚醚硫酸酯钠、甲基椰油酰基牛磺酸钠、月桂醇磺基琥珀酸酯二钠、椰油酰基丙氨酸 TEA 盐、椰油酰甘氨酸钾、椰油酰基苹果氨基酸钠、月桂酰燕麦氨基酸钠、椰油酰胺 DEA、磺酸羟丙酯月桂基葡糖苷交联聚合物钠、C12-15 链烷醇聚醚 -7、鲸蜡硬脂醇、月桂醇聚醚 -12、月桂醇聚醚 -3、柠檬酸、橄榄油 PEG-7 酯类、高山火绒草花 / 叶提取物、药蜀葵叶 / 根提取物、金黄洋甘菊提取物、秦椒果提取物、须松萝提取物等。

该成分表中虽然有椰油酰基丙氨酸 TEA 盐、椰油酰甘氨酸钾、椰油酰基苹果氨基酸钠、月桂酰燕麦氨基酸钠 4 种氨基酸表面活性剂，但是含量都不高。

这样讲并不意味着全盘否定皂基和硫酸酯盐。只要配方设计好，使用方法正确，皂基和硫酸酯盐完全可以给健康的肤质使用。但是既然产品突出氨基酸概念，配方中还是应该避开皂基和硫酸酯盐。

总结：酰基氨基酸盐清洁力好，刺激性小，对于多数人来说是最稳妥、最不出错的选择。这样的产品必须含有酰基氨基酸盐，并且不能是皂基配方或者硫酸酯盐配方。

3.6 温和的表面活性剂

磺基琥珀酸酯盐是一种非常温和的表面活性剂，刺激性很小，可以产生丰富的泡沫，与其他表面活性剂共用的时候，还可以降低其他表面活性剂的刺激性。因此它广泛用于洁面产品中，和其他表面活性剂共用。

磺基琥珀酸酯盐的命名规则和判断方法是“XX 磺基琥珀酸酯 YY”，认准中间的“磺基琥珀酸酯”这 6 个字就行了，例如月桂醇聚醚磺基琥珀酸酯二钠。

两性离子表面活性剂的特点是亲水基团既带正电荷又带负电荷，常用两性咪唑啉和甜菜碱。这两类成分的清洁力很弱，刺激性很低，可以单独用在敏感肌或者婴幼儿产品中；也可以和其他表面活性剂复配，帮助清洁和产生泡沫，以降低刺激。

甜菜碱的命名规则和判断方法是在名字的末尾有“甜菜碱”3 个字，如椰油基甜菜碱。以某洁面啫喱为例，其成分如下：

水、椰油基甜菜碱、椰油酰甘氨酸钠、甘油、丙烯酸（酯）类共聚物、氯化钠、苯氧乙醇、氢氧化钠、EDTA 四钠、荆芥油、香橼果皮油、白花春黄菊花油等。

椰油基甜菜碱配合椰油酰甘氨酸钠清洁，对于不化妆的中性和干性皮肤来说一年四季都足够用了。

两性咪唑啉的命名规则和判断方法是“XX 两性基 YY”，就是在名字的中间有“两性基”3 个字。如月桂酰两性基乙酸钠。以某洁颜乳为例，其成分如下：

水、椰油酰甘氨酸钾、月桂酰两性基乙酸钠、硬脂酸、乙二醇硬脂酸酯、月桂酰胺丙基羟磺基甜菜碱、季铵盐 -18、水辉石、蔗糖硬脂酸酯、麦芽寡糖葡糖苷、氢化淀粉水解物、氯化钾、丙烯酸（酯）类共聚物、丙烯酸（酯）类 / 硬脂醇聚醚 -20 甲基丙烯酸酯共聚物、氢氧化钾、苯氧乙醇、甲基异噻唑啉酮、羟苯甲酯等。

该成分表中椰油酰甘氨酸钾搭配月桂酰两性基乙酸钠和月桂酰胺丙基羟磺基甜菜碱，3 种表面活性剂协同使用，清洁力强，即使是不化妆的油性皮肤都够用。

非离子型表面活性剂的亲水基团不带电荷，最典型的是烷基糖苷，也称烷基葡糖苷，英文缩写是 APG。

烷基糖苷的清洁力很弱，但极其温和，对皮肤和眼睛刺激性非常低，特别适合作为刺激性低的洗护产品的配方成分。它在洁面产品中较少单独使用，常和其他表面活性剂共用。以某洁面凝胶为例，其成分如下：

水、癸基葡糖苷、甘油、椰油酰两性基乙酸钠、月桂基葡糖苷、黄原胶、苯氧乙醇、椰油基葡糖苷、甘油油酸酯、椰油酰谷氨酸钠、月桂基葡萄糖羧酸钠、柠檬酸、葡萄糖、山梨酸钾、乙基己基甘油等。

该成分表有 3 种葡糖苷，搭配椰油酰两性基乙酸钠和少量椰油酰谷氨酸钠，清洁力比较温和。这是氨基酸体系的表面活性剂。防腐剂方面用的是苯氧乙醇和山梨酸钾，配合柠檬酸来调 pH 值。该配方的防腐原理类似于某神仙水，总体偏酸性，敏感性皮肤要试过才知道能不能用。

葡糖苷如果单独使用，这样的产品清洁力是比较弱的。以某洁面凝露为例，其成分如下：

水、椰油基葡糖苷、甘油、丁二醇、PEG-7 甘油椰油酸酯、黄原胶、野大豆油、向日葵籽油、玻璃苣籽油、库拉索芦荟叶汁、突厥蔷薇花水、水解大豆蛋白、矢车菊花提取物、野大豆甾醇类、突厥蔷薇花油、人参根提取物、欧锦葵提取物、生育酚（维生素 E）、抗坏血酸棕榈酸酯、生育酚乙酸酯、PEG-120 甲基葡糖二油酸酯、PEG-40 氢化蓖麻油、辛甘醇、聚山梨醇酯 -20、辛酸 / 癸酸甘油三酯、聚甲基丙烯酸甲酯、苯甲酸、EDTA 二钠、柠檬酸、山嵛醇、甘油硬脂酸酯、1,2- 戊二醇、焦糖色、山梨酸钾等。

该成分表中椰油基葡糖苷是核心成分，甘油、丁二醇、PEG-7 甘油椰油酸酯和黄原胶的含量大约从 5% 递减到 2%。这款质地偏水润，卸妆力很弱。

该成分表中排名第七的是野大豆油，它的含量比较低。因为油分散在水中容易形成乳液，而产品名字叫作凝露，可见不是乳液，因此油的含量不会高到哪里去。在它之后的一大堆植物成分也基本可以忽略了。

甜菜碱、烷基糖苷和月桂醇聚醚硫酸酯钠表面活性剂都有“假滑”的现象，就是用了之后感觉滑滑的，好像没洗干净一样，用水都很难彻底冲洗掉，感觉不如皂基清爽，这种假滑的肤感有时候会影响我们对产品的喜好和选择。

另外，还有一类特殊的阳离子表面活性剂，它的亲水基团带正电荷，清洁能力比较弱，但抗菌性比较突出，主要用于洗发水，在洁面产品中很少见，例如季铵盐。

总结：磺基琥珀酸酯盐用作起泡剂，甜菜碱和烷基糖苷用于刺激性很低的洁面产品。

3.7　泡沫和清洁力有关吗?

在广告上经常可以看到清洁产品配有丰富的泡沫，给人一种“泡沫丰富、清洁力强”的联想，有时候还有“洁面的好坏，泡沫是关键”之类的话。那么泡沫和清洁力之间有关系吗?

答案取决于问题的形式。

清洁力强，泡沫就丰富，对吗?

对！清洁力最强的是皂基和硫酸酯盐表面活性剂，它们的泡沫丰富程度都是不错的。所以清洁力强的洁面产品，泡沫也丰富，除非厂家加消泡剂进去。

泡沫丰富，清洁力就强，对吗?

错！洁面产品的泡沫丰富程度和清洁力的强弱在理论上不一定相关！例如磺基琥珀酸酯盐有很好的发泡性能，但是清洁力中等偏上，不算很强。

所以泡沫的丰富程度和清洁力不一定有关系。但是对于绝大多数顾客来说，判断一种洁面产品好坏最直观的标准，就是产品的泡沫丰富程度，厂家会根据产品的受众定位来调节泡沫，因此泡沫的丰富程度和清洁力之间往往是正相关的。

例如给年轻顾客用的洁面产品，首选皂基配方或者月桂醇硫酸酯钠配方，清洁力强，泡沫丰富。

相反，如果产品是用于熟龄肤质，或者敏感性肤质，首选甜菜碱或者烷基糖苷配方，清洁力低，多半是低泡或者无泡。

皂基配方常用月桂酸、肉豆蔻酸、棕榈酸、硬脂酸这 4 种有机酸和氢氧化钾发生反应，它们的发泡能力是不一样的，月桂酸得到的钾盐最容易发泡，泡沫很大，但是最不稳定。硬脂酸钾最难发泡，泡沫很小，但是最绵密细腻、最稳定。

此外，有机酸还会影响到产品外观的珠光效果，肉豆蔻酸钾的珠光效果是一种微透明的、类似于陶瓷表面釉层的乳白色珠光；硬脂酸钾的珠光效果是强烈的白色闪光状珠光。综合考虑发泡能力和珠光效果，在皂基配方中用的最多的就是肉豆蔻酸，其次是硬脂酸。

总结：洁面产品的泡沫丰富程度和清洁力不一定有因果关系，但往往是正相关的。

3.8 排排坐，吃果果

哪一种表面活性剂最好？

这个问题没有标准答案。"尺有所短，寸有所长"，每一种表面活性剂都有它合适使用的范围和受众群体，有些人喜欢泡沫丰富，有些人喜欢干净舒爽，有些人喜欢滑滑润润，挑自己喜欢的就好。

下面按照清洁力和刺激性的标准给各类表面活性剂打分，5 星最高，1 星最低，3 星中等（3 星以上是强，3 星以下是弱；★表示 1 星，☆表示半星）。

1. 皂基

类型：阴离子型表面活性剂

举例：氢氧化钾

清洁力：★★★★★

刺激性：★★★

优点：便宜；清洁力强，泡沫丰富

缺点：清洁力太强

肤感：清爽，甚至干涩紧绷

建议用途：健康的油性皮肤夏季晚上用；其他季节可以用于周护理，一周不超过一次。其他肤质少用、慎用。

2. 硫酸酯盐

类型：阴离子型表面活性剂

举例：X 硫酸酯 Y

清洁力：★★★★

刺激性：★★★★★

优点：便宜；清洁力强，泡沫丰富

缺点：刺激皮肤

肤感：清爽

建议用途：健康的油性皮肤夏季晚上用；其他季节可以用于周护理，一周不超过一次。其他肤质少用、慎用。

3. 聚醚硫酸酯盐

类型：阴离子型表面活性剂

举例：X 聚醚硫酸酯 Y

清洁力：★★★★

刺激性：★★★★☆

优点：便宜；清洁力强，泡沫丰富

缺点：刺激皮肤

肤感：假滑

建议用途：健康的油性皮肤夏季晚上用；其他季节可以用于周护理，一周不超过一次。其他肤质少用、慎用。

4. 酰基氨基酸盐

类型：阴离子型表面活性剂

举例：XX 酰 YY 氨酸 ZZ

清洁力：★★★

刺激性：☆或★

优点：温和，清洁力适中

缺点：成本高，难增稠

肤感：清爽

建议用途：油性肤质最稳妥的选择；也适合各种肤质用。

5. 磺基琥珀酸酯盐

类型：阴离子型表面活性剂

举例：XX 磺基琥珀酸酯 YY

清洁力：★★

刺激性：★

优点：泡沫丰富

缺点：难挑大梁

肤感：清爽

建议用途：配合其他表面活性剂共同使用。

6. 甜菜碱

类型：两性离子型表面活性剂

举例：XX 甜菜碱

清洁力：★

刺激性：★

优点：安全温和

缺点：难挑大梁

肤感：假滑

建议用途：用于低刺激配方的清洁产品（特别是敏感性肤质产品和婴童类产品）。

7. 烷基糖苷

类型：非离子型表面活性剂

举例：XX 基糖苷

清洁力：★

刺激性：☆

优点：安全温和

缺点：难挑大梁

肤感：假滑

建议用途：用于低刺激配方的清洁产品（特别是敏感性肤质产品和婴童类产品）。

3.9 根据肤质选择洗面奶

挑选洗面奶要知己知彼，知己就是了解自己的肤质以及有没有特殊的皮肤问题，如敏感、痘痘、激素脸、红血丝等；知彼就是了解产品的成分、清洁力和刺激性，根据以上信息来合理选择洁面产品。

（1）既敏感又干的皮肤：不要折腾，最好的办法就是用清水来洗脸，夏季可以用烷基糖苷 / 甜菜碱体系的洁面产品。

（2）普通干性皮肤：早上清水，晚上氨基酸体系或者烷基糖苷 / 甜菜碱体系的洁面产品。

（3）油性皮肤、痘痘肌或脂溢性皮炎：氨基酸体系的洁面产品是最稳妥、最不出错的选择。

（4）混合性皮肤：建议分区护理，即不同区域使用不同的产品，T 区按照油皮来护理，U 区按照干皮来护理；如果嫌麻烦，也可以按照油皮的标准选择合适的氨基酸体系的洁面产品，在 T 区多用一点儿，U 区少用一点儿。

（5）中性皮肤：氨基酸体系或者烷基糖苷、甜菜碱体系的洁面产品。

肤质除了和季节、气候有关，还和年龄、性别有关，以下 3 类特殊群体尤其要注意。

第一类是婴幼儿。他们的皮脂腺尚未充分发育，建议少用洗面奶。现在很多商家在婴童市场上通过恐吓营销制造一种焦虑的情绪，其实是完全没有必要的。

对于婴儿和儿童来说，早晚清水或者温水洗脸基本可以清除大部分的皮肤污渍。确实需要用洗面奶清洁的时候，可以选择烷基糖苷 / 甜菜碱体系的洁面产品。

第二类是老人。他们的皮脂分泌较少，而且皮肤普遍偏干偏薄，建议少用洗面奶，早晚温水洗脸就可以了。

第三类是男人。实际上男人和女人的皮肤没有本质不同，只有一些细微的区别。男性通常角质厚，油脂分泌旺盛，所以男士洗面奶更强调清洁能力，基本是皂基配方。男士洗面奶有时候会加入磨砂去角质的颗粒，肤感更加清爽；或者薄荷醇 / 酒精之类的成分，使肤感更加清凉。

现在市面上将男女洗面奶分开，实质是出于营销的需要来细分市场。其实男性能用女性专用的洗面奶，女性也可以用男性专用的洗面奶。但无论用哪一种，都要选择配方科学、清洁力合理、刺激低的产品，不能过度清洁。

总结：洁面产品要根据肤质来选择。现在越来越多的人有皮肤敏感的现象，这和过度清洁有很大关系。

3.10 洗面奶的功能

宣称能够补水或者美白或者其他各种功能的洗面奶，真的有这方面的作用吗？这些宣称或者说宣传，真的有科学根据吗？

1. 洗面奶能控油吗?

油也叫作皮脂，是由皮脂腺分泌的油脂，经过毛囊导管排泄到皮肤表面，和水混合之后形成皮脂膜，对皮肤起到润滑和保护作用。如果皮脂腺比较旺盛，分泌的油脂多，看上去就会显得油光满面。

皮脂腺的活性首先和雄性激素关系最大，青春期的时候，人的雄性激素分泌最旺盛，所以容易出油，也容易长痘痘。

其次和饮食有关，饮食偏油腻、辛辣的人，喜欢吃水煮鱼、麻辣烫、小龙虾之类的食物，他们不但容易出油，而且油脂黏稠，不容易从毛孔排泄出来。

最后和温度有关系，夏季天气热，脸上容易出油，冬季天气冷，脸上就没那么多油。

假如控油指的是减少皮脂腺的分泌，那么洗面奶不可能控油，因为上面的 3 个因素都不可能由洗面奶来改变。

假如控油指的是控制油脂在脸上的残留，那么洗面奶是有控油的作用。

需要注意的是：洗面奶祛除油脂的这种作用效果是非常短暂的，因为用洗面奶清洁之后，皮脂腺会分泌皮脂进行补偿，这种机制叫作代偿性出油，也有人把它称作皮脂膜的反压力。用洗面奶后快则半小时，慢则两三个小时，油又出现了，所以不能为了控油而过度清洁。

2. 洗面奶可以深层清洁毛孔吗?

基本不能，因为毛孔的形状又深又长，就像一口井。洗面奶主要是做“表面”功夫，可以清洁表层的毛孔，但是很难触及毛孔深层。即使添加了水杨酸这类油溶性的成分，由于它在脸上停留的时间很短，也很难真正发挥效果。

3. 洗面奶可以补水吗?

不能。相反地，洗面奶会将皮肤表面的皮脂膜去掉，降低皮肤的保湿能力，水分更容易挥发流失，所以洗面奶能够补水的说法是没有依据的。

4. 洗面奶可以去角质吗?

可以，去角质有两种原理：一种是化学原理，就是通过果酸或者水杨酸来降低角质层之间的连接，加快角质代谢；另一种是物理原理，就是通过颗粒的摩擦来降低角质层之间的连接，加快角质代谢。这类磨砂去角质的洗面奶会造成角质屏障受损，不适合天天使用。

如果实在想去角质，可以一个月用一次去角质产品，或者用一些其他的安全替代成分，例如红糖或者麦片形成的颗粒。

5. 洗面奶可以美白吗？

这个问题的答案需要从美白的原理来进行分析。如果洗面奶添加了果酸或者磨砂颗粒，加快角质层代谢，黑素体随同角质层一起脱落，有可能起到美白效果。

如果添加的成分不是着眼于角质层代谢，而是集中在黑色素形成过程的其他环节，例如添加熊果苷来抑制酪氨酸酶的活性。由于洗面奶在脸上停留的时间比较短，这些美白成分很难透皮吸收，基本不能发挥作用。

有些洗面奶号称“一洗就白”，这种产品往往是通过添加着色剂来起到变戏法的作用，例如某洁面乳，其成分如下：

> 水、椰油酰甘氨酸钠、乙二醇二硬脂酸酯、月桂酰胺丙基甜菜碱、硬脂酸、甲基椰油酰基牛磺酸钠、月桂亚氨基二乙酸二钠、柠檬酸、鲸蜡醇聚醚 -20、氯化钠、DMDM 乙内酰脲、（日用）香精、丁二醇、烟酰胺、碘丙炔醇丁基氨甲酸酯、二氧化钛、PEG-40 氢化蓖麻油、稻糠提取物等。

该成分表的核心成分是椰油酰甘氨酸钠，排名第二，用量很足。碘丙炔醇丁基氨甲酸酯这个防腐剂用在淋洗类产品中也可以接受，但是添加二氧化钛就不妥了。二氧化钛是粉体，洗脸之后二氧化钛留在脸上，给人一种“一洗就白，越洗越白”的假象，其实它只是起遮盖作用而已，其副作用是可能会有拔干和堵塞毛孔致痘的风险，所以这样的产品不建议使用。

6. 洗面奶可以抗衰老吗？

洗面奶在脸上停留的时间比较短，各种抗衰老的成分很难透皮吸收，不能发挥作用。

7. 洗面奶可以祛痘吗？

痘痘是寻常型痤疮的俗称，是一种常见的慢性皮肤病，要在医生或者专业人士的指导下合理科学地用药。化妆品不是药品，所以洁面产品和其他护肤品对痘痘只能起到辅助的改善作用。

如果洗面奶添加果酸或者水杨酸，可以加快角质层代谢，疏通毛孔，起到温和祛痘的效果；这些成分的效果已经在临床上得到验证了，是有科学根据的。

如果洗面奶添加的是植物提取物，例如金缕梅、甘草、茶树之类的成分，由于洗面奶在脸上停留的时间比较短，这些成分很难透皮吸收发挥作用。作用到底有多少，无从考证。

8. 洗面奶可以收缩毛孔吗?

基本不能。如果靠洗面奶就可以把毛孔缩小，那么医院皮肤科那些几十万元的仪器就可以下岗了。

总结：洗面奶的功效无论如何描述，也只是一个清洁产品而已，主要起清洁作用。与此道理相似，各种清洁产品包括洗发水、牙膏、沐浴露，它们的作用就是清洁，不要强求超出它们能力之外的功能。

3.11　洗面奶四宗罪

洗面奶有很特殊的副作用，那就是频繁使用导致过度清洁。可以这样理解：洗面奶不是非用不可的，能用其他方式达到同样的清洁效果，就不要用洗面奶。

很多皮肤科医生以及权威的化妆品配方师、研发人员都不赞同频繁地使用洗面奶。例如中国香化协会专家委员会副主任、原上海家化联合股份有限公司技术总监李慧良工程师在 2018 年 8 月第二届中国化妆品国际高峰论坛上，说了这么一段话：

> 现在中国的女性，好像皮肤问题越来越多，例如皮肤容易过敏，或者皮肤出油很厉害等，实际上都是过度使用化妆品造成的。跟有些人说不要使用化妆品，她们刚开始不相信。但是真的停下来之后或者用得很少以后，她们的皮肤恢复了。现在许多厂家生产的洁面产品，希望消费者天天使用，早晨使用，晚上使用。实际上，洁面产品对皮肤的破坏是很大的，它破坏了几大平衡：一个是油脂平衡；一个是角质平衡；还有菌群平衡，因为皮肤在正常的情况下，细菌是按比例生长的；还有 pH 平衡，皮脂膜是弱酸性的，拼命洗是不行的。所以我跟有些人说千万不要天天洗。那么怎么洗呢？我说一个星期用一次洁面产品就够了。结果她们听了以后，皮肤得到改善。

李工言简意赅地归纳了洗面奶对皮肤四大平衡的破坏作用：

（1）洗面奶会破坏酸碱平衡。洗面奶洗掉的是皮肤表面的皮脂膜，它是弱酸性的，当我们用洗面奶把这层皮脂膜洗掉之后，皮肤就会偏离原有的酸碱平衡。

（2）洗面奶会破坏菌群平衡，也就是微生物平衡。皮肤表面有各类微生物，它们彼此相互依赖，形成稳定和谐的屏障结构，保护机体的健康。过度使用洗面奶会破坏皮肤的微生物平衡，导致某些皮肤病。

（3）洗面奶会破坏角质平衡，也就是角质细胞。洗面奶中的阴离子型表面活性剂与角质细胞（即角蛋白）会发生非特异性结合，使蛋白质发生溶胀，破坏角质层的结构和功能。添加两性离子表面活性剂或非离子表面活性剂能够降低阴离子型表面活性剂电荷密度，使胶束不容易分离，进入角质层的表面活性剂就会减少，从而减少对蛋白质的伤害。这就是烷基糖苷或者甜菜碱能够降低皂基洗面奶刺激性的道理所在。

（4）洗面奶会破坏油脂平衡，也就是细胞间脂质。角质层由角质细胞和填充在细胞之间的细胞间脂质组成，就好像一堵墙由砖和泥组成一样，所以称为“砖－泥”结构（图 3.1）。

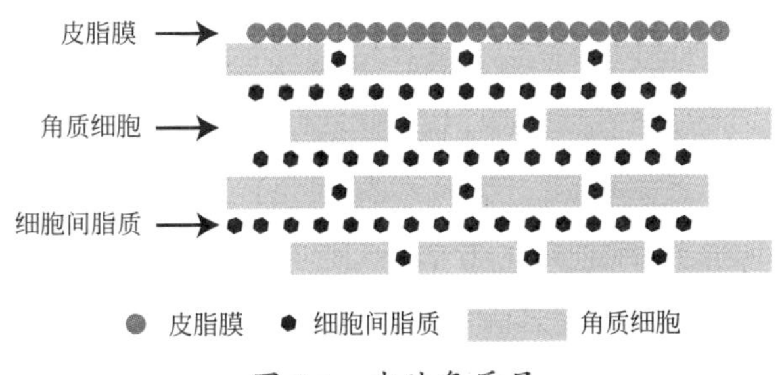

图 3.1　皮肤角质层

在墙的表面还有一层泥子粉，这就是皮肤表面的皮脂膜，它是由皮脂腺分泌的皮脂和汗腺分泌的汗液混合之后形成的。

细胞间脂质的合成和角质细胞的层状体有关。层状体内含多种水解酶。这些酶的活性受外界影响非常大，当角质层的 pH 值上升，酶的活性下降，细胞间脂质的转换出问题，从而使皮肤的屏障功能出现异常。

总结：洗面奶过度清洁会破坏皮肤的四大平衡，从而出现皮肤敏感、外油内干等各种问题。所以洗面奶不能过度使用，能不用就不用。

3.12 使用洗面奶的秘诀

用洗面奶洗脸的关键在于温和清洁，避免过度清洁。

什么是温和清洁？洗完之后脸不紧绷、不灼热、不干涩，稍微有一点滑滑的，摸上去好像是婴儿的脸蛋或者剥壳的熟鸡蛋，这是最理想的状态。

什么是过度清洁？如果皮肤频繁出现红、肿、热、痛、脱皮、紧绷现象，这些都是过度清洁的表现。由于商家对顾客的片面宣传，使得越来越多的人出现过度清洁问题。

下面列出一些有助于避免过度清洁的要点。

1. 可以只用清水洗脸吗？

如果用清水就能达到和洗面奶相同的清洁效果，那就可以只用清水洗脸，洗面奶绝对不是非用不可的。

2. 洗面奶一天用几次？

在不化妆（不使用 BB 霜、CC 霜、素颜霜、隔离霜、粉底霜、防晒乳霜、懒人霜、气垫霜）的情况下，敏感性皮肤或者干性皮肤可以早晚用清水洗脸；混合性皮肤和中性皮肤晚上用一次洗面奶，早晨用清水；油性皮肤可以一天用两次洗面奶，早、晚各一次。

3. 洗脸的顺序有要求吗？

原则上没有要求。如果讲究仪式感，建议的顺序是额头→鼻子→下巴→脸颊，也就是从上到下，从内到外。

4. 洗脸洗多久？

整个洗脸的时间是一两分钟，其中洗面奶在脸上的停留时间是半分钟到一分钟，之后要用流动的清水洗几遍。广告上模特都是用手在水龙头下接流水来洗脸，不会将手放在脸盆里，这其实是有道理的。

5. 用手还是用毛巾洗？

用手是最好的选择。如果用毛巾，必须要将毛巾彻底湿润，防止干燥的毛巾对皮肤摩擦刺激造成伤害。

6. 洗脸的力度有要求吗?

力度轻柔，不要用力摩擦皮肤，如果皮肤出现明显发红说明力度太大。

7. 洗脸的水温有要求吗?

春季、夏季可以用自来水，秋季、冬季的水温最好和体温相近，不建议用高于 40℃的水，因为热水会洗去皮脂膜，注射肉毒素后热水洗脸还会加速肉毒素的失效。

8. 冷水热水交替洗脸可以改善毛孔粗大吗?

没有这方面的科学根据。

9. 洗面奶是一直用同一款产品好还是要换着用?

没有严格要求，可以按照个人喜好选择。化妆品不是药品，不存在所谓的依赖性，关键是要选择清洁力适合的洗面奶。在此前提下，一直用同一款产品也可以，换着用也可以。

10. 洗面奶和后续水乳用同一个品牌好还是混搭不同品牌好?

没有严格要求，可以按照个人喜好选择。

11. 要不要使用洁面刷之类的洗脸神器?

完全没有必要。

12. 网上流传的洗面奶检测方法靠谱吗?

网上说的洗面奶检测方法有两个：第一个方法是把洗面奶挤到勺子里，然后放在火上烧，熔化变透明的就证明是好的，烧糊了的就是不好的；第二个方法是把洗面奶放到水杯里，沉下去的是不好的，浮在水面上的就是好的。

这两个方法都是不科学、不靠谱的。选择洗面奶和其他护肤品最重要的是购买备案的正规产品，不要购买“三无”产品，特别是不要网购来历不明的产品。

总结：使用洗面奶的要点可以概括为，流动的清水、洗一两分钟、不超过两次；力度轻柔、肤感滑爽、做好保湿。只要能按上面的要点来做，就可以在享受洗面奶清洁作用的同时，最大限度地避开它的刺激和对皮肤的伤害作用。

3.13 洗面奶小结：洗不能过度

1. 洗面奶不是非用不可

洗面奶对皮肤主要是起到破坏作用，基本没有建设作用，它不是非用不可的东西。如果用其他手段能达到同等的清洁效果，就不要用洗面奶。其他清洁产品如洗发水、沐浴露之类的，都是能不用尽量不用。

2. 洗面奶吹得再好，也就是一个清洁产品

洗面奶最大的特点是在脸上停留的时间很短，一般就是一两分钟，即使加入了高浓度的成分，也没有办法在短时间内透皮吸收。所以它的作用就是清洁，不要对它抱太大希望。

3. 根据实际情况正确地选择和使用洗面奶

洗面奶最核心的成分是表面活性剂。表面活性剂有很多种，从清洁力最强的皂基，到清洁力比较强、刺激性很强的月桂醇硫酸酯钠，到清洁力和刺激性都比较强的月桂醇聚醚硫酸酯钠，到四平八稳的氨基酸，再到温和的烷基糖苷和甜菜碱，可以根据自己的实际情况来选择。

4

卸　妆

4.1 以结果为导向

卸妆产品种类非常多，常见的有卸妆油、卸妆乳（霜）、卸妆水。各种产品的形态不同，卸妆能力不同。原则上说，含油量越多的产品，卸妆力越强，所以卸妆油的卸妆力一般是最强的。

除了产品之外，用法也很重要。大多数人用卸妆乳（以及卸妆水）的时候都习惯配合化妆棉，这种做法是值得商榷的。

即使是纯棉材质的化妆棉，在脸上反复摩擦都会造成伤害，劣质的就更不用说了。欧美人种角质层偏厚，摸上去手感粗糙，不怕化妆棉的折腾；而东亚人的角质层本来就薄，化妆棉在皮肤上反复摩擦，对皮肤的伤害比较大，所以最好还是不用化妆棉。

如果不化妆，只是用隔离霜、BB 霜之类的，也需要卸妆吗？需要用专门的卸妆产品吗？

这两个问题其实是不一样的。

第一个问题的答案是肯定的：需要。隔离霜、BB 霜之类的产品都属于彩妆，用了之后当然要卸除（卸除彩妆的过程就是卸妆）。

第二个问题的答案则是"不一定"，要具体情况具体分析。

卸妆并不一定非要用专门的卸妆产品，洗面奶也是可以卸妆的，有些效力弱的卸妆水还不如那些强力的洗面奶。

既然洗面奶也可以卸妆，那么清洁、卸妆可以二合一吗？只用洗面奶行不行？

讨论这类问题的时候，我们要坚持结果导向，就是通过实验结果来判断妆容是否清洁干净。

用洗面奶卸妆之后，将水洒在皮肤上，如果形成大量水珠（图 4.1），说明洗面奶的清洁力、卸妆力不够，没有清洁干净，要用专门的、卸妆力更强的卸妆产品。

图 4.1　检验洗面奶卸妆效果

如果没有形成大量水珠，说明洗面奶清洁力足够，能够清洁干净，可以用洗面奶来卸妆，清洁、卸妆可以二合一，不需要再用卸妆产品。

我们还可以反过来进一步思考：可以只用卸妆产品不用洗面奶吗？用卸妆油之后还要再用洗面奶吗？可以不用洗面奶二次清洁吗？

这个问题没有明确的定论。用完卸妆油后，未彻底乳化的油彩有可能会残留在皮肤上，因为卸妆油用的表面活性剂清洁力不强，不能保证将油脂彻底乳化，所以是有可能残留的。

问题的关键在于残留量到底有多少？会不会堵塞毛孔？如果后续用洗面奶再洗一遍，会不会导致过度清洁？残留和过度清洁相比，哪个更应该避免？

遗憾的是，这些问题都没有权威可靠的研究数据，消费者只能以结果为导向根据具体的情况来摸索调整。

总结：有防水能力、遇水不轻易脱妆的产品，要用洗面奶或者专门的卸妆产品来卸妆。可以通过观察是否形成水珠来判断卸妆力的强弱和卸妆效果。

4.2 以油溶油

彩妆的防水作用主要来自配方中的油性原料，配方师有时候将这些原料称为结构剂，意思是说它们起到支撑整个结构的作用。如果把油给破坏了，彩妆的防水性能就不复存在了。

怎样才能将油破坏掉呢？最简单的办法是利用相似相溶（like dissolves like）原理，这条原理是说：性质相似的成分，彼此间的溶解性比较好。

卸妆油中有大量的油性原料，先利用相似相溶原理把彩妆中的各种油溶解，然后再用乳化剂将油乳化并一洗了之。

从配方的角度来说，卸妆产品中油性原料的含量越高，卸妆能力就越强。卸妆油中有大量的油性原料，其卸妆力强于卸妆乳和卸妆水。

油脂、酯蜡、烷烯这几类油性原料中，常用的是植物油和矿物油（以“油”结尾）、合成酯（以“酯”结尾）和硅油（以“烷”结尾）。以某橄榄卸妆油为例，其成分如下：

> 油橄榄果油、辛酸/癸酸甘油三酯、山梨醇聚醚-30四油酸酯、1,2-戊二醇、苯氧乙醇、生育酚（维生素E）、硬脂醇甘草亭酸酯、迷迭香叶油。

该成分表中含量最高的就是来自植物的油橄榄果油，以及化学合成的辛酸/癸酸甘油三酯。

卸妆油除了可以溶解彩妆的油彩之外，对于堵塞在毛孔里的黑头也有一定的清洁作用，因为黑头的主要成分就是油脂和脱落的角质，所以有些人用了一段时间卸妆油之后，感觉黑头好像改善了，原因就在于以油溶油的作用。

除了油性原料之外，乳化剂的作用也不可忽略。在用卸妆油按摩后，将水淋在皮肤上，稍等片刻就会发现油变成牛奶一样的乳白色液体，这就是乳化作用，是依靠乳化剂来达成的。

乳化剂实质是表面活性剂，但卸妆产品和洗面奶用的表面活性剂有很大不同：洗面奶用的主要是阴离子型，例如钾盐、钠盐，而卸妆油常用的是非离子型，这样才能溶在油中。

这些非离子型表面活性剂通常是用环氧乙烷进行加成之后得到的产物，乳化剂名称中常出现 PEG 或者“聚醚”的字样。

以某深层净颜卸妆油为例，其成分如下：

草棉籽油、山梨醇聚醚 -30 四油酸酯、苯氧乙醇、生育酚乙酸酯、(日用)香精、狗牙蔷薇果油、葡萄籽油。

该成分表中乳化剂用的是山梨醇聚醚 -30 四油酸酯，和某橄榄卸妆油相同，但排名比较靠前，所以可以推测某深层净颜卸妆油的乳化能力应该比较强，也就是用水冲洗之后，残留在脸上的油要少。

以前的卸妆油在使用的时候要求干手干脸，因为体系遇水之后会迅速乳化，如果在脸上按摩的时间不够长，还没有溶解掉油彩就乳化了，就起不到应有的清洁作用。

然而随着技术的进步，现在已经有很多不要求干手干脸的卸妆油，有时候配方中甚至还加入了水。这种产品往往含有多元醇以及至少两种乳化剂，从而形成双连续相结构。以某洁颜油为例，其成分如下：

液体石蜡 / 矿油、肉豆蔻酸异丙酯、C12-15 醇苯甲酸酯、PEG-20 甘油三异硬脂酸酯、碳酸二辛酯、聚山梨醇酯 -85、PEG-6 二异硬脂酸酯、甘油、香精、生育酚乙酸酯、辛甘醇、丙二醇、薄荷氧基丙二醇、油酸乙酯等。

该成分表中的油性原料是矿油、肉豆蔻酸异丙酯、C12-15 醇苯甲酸酯、碳酸二辛酯，主乳化剂是 PEG-20 甘油三异硬脂酸酯，助乳化剂是聚山梨醇酯 -85、

PEG-6 二异硬脂酸酯，多元醇是辛甘醇、丙二醇、薄荷氧基丙二醇。

该成分表含有矿油，用肉豆蔻酸异丙酯改善厚重感，代价就是容易出现闭口、粉刺，卸妆和乳化不彻底的时候尤其明显。很多人怪罪矿油，认为是矿油导致了闭口粉刺，实际上闭口粉刺主要是因肉豆蔻酸异丙酯这种合成酯惹的祸。

总结：卸妆油的核心成分是油和乳化剂，其卸妆力强于卸妆乳和卸妆水。

4.3　鸡肋的卸妆乳

乳液是水和油性原料混合后，在乳化剂作用下得到的乳白色混合物，无论是洁面乳（洗面奶）、保湿乳还是卸妆乳都是如此。

卸妆乳主要依靠油性原料或者乳化剂起作用，以某 A 卸妆乳为例，其成分如下：

> 水、季戊四醇四（乙基己酸）酯、鲸蜡醇乙基己酸酯、异硬脂醇棕榈酸酯、异壬酸异壬酯、环五聚二甲基硅氧烷、己二醇、蔗糖椰油酸酯、PEG-6 辛酸 / 癸酸甘油酯、环己硅氧烷、羟苯甲酯、氢氧化钠、羟苯丙酯等。

该配方用了 7 种酯和以“烷”结尾的油性原料，乳化剂是 PEG-6 辛酸 / 癸酸甘油酯，卸妆力主要靠油性原料来达成。虽然它比纯油配方的卸妆油要弱一些，不过总体还是不错的。由于该配方中乳化剂比较单薄，后续要用洗面奶来二次清洁。

再如以某 B 卸妆乳为例，其成分如下：

> 水、PEG-12 月桂酸酯、乙氧基二甘醇、甘油、环五聚二甲基硅氧烷、PEG-20 失水山梨醇异硬脂酸酯、聚山梨醇酯 -21、异硬脂基甘油醚、异硬脂基甘油基季戊四醇醚、山梨坦硬脂酸酯、聚丙烯酰胺、苯乙烯 / 丙烯酸（酯）类共聚物、C13-14 异链烷烃、月桂醇聚醚 -7、鲸蜡醇、硬脂醇、羟苯甲酯等。

该产品的配方思路和净化卸妆乳相反，重点不是油性原料，而是乳化剂，它用了至少 3 种乳化剂（PEG-12 月桂酸酯、PEG-20 失水山梨醇异硬脂酸酯、聚山梨醇酯 -21）。它的清洁力比净化卸妆乳弱，但是也还过得去，对付一般的 BB 霜、隔离霜应该还是可以的，对付睫毛膏这类强力抗水产品估计就不给力了。

如果油性原料和乳化剂用量都不多，这样的产品的卸妆力就不好说了，以某

C 卸妆乳为例，其成分如下：

水、甘油、鲸蜡硬脂醇异壬酸酯、矿油、丙烯酸(酯)类/C10-30烷醇丙烯酸酯交联聚合物、乙基己基甘油、(日用)香精、EDTA二钠、苯氧乙醇、丙烯酸羟乙酯/丙烯酰二甲基牛磺酸钠共聚物、角鲨烷、己基癸醇、苹果(PYRUSMALUS)果提取物、烟酰胺、聚山梨醇酯-60、辛酸/癸酸甘油三酯、楔基海带提取物、低聚果糖、甘露醇等。

可以选择香精作为该配方分析的切入点，因为香精在护肤品中的用量是很少的；后面的EDTA二钠是螯合剂，用量也很低；苯氧乙醇作为准用防腐剂，最大允许含量是1%。根据成分表排名的规定，在这3个成分之后的原料用量都不会超过1%，例如烟酰胺和各种提取物，在卸妆乳中主要起点缀的作用。

在香精之前的甘油（保湿剂）、乙基己基甘油（保湿剂）和丙烯酸(酯)类/C10-30烷醇丙烯酸酯交联聚合物（乳化稳定剂）都没有卸妆的作用，卸妆力只能依靠鲸蜡硬脂醇异壬酸酯和矿油，它们的用量都在3%左右。产品最终的卸妆力有多强呢？只能说天知道了。

卸妆乳是乳液，洗面奶也是乳液，自然就有人想：能不能干脆将卸妆乳和洗面奶合二为一呢？这在技术上当然没有任何难度，同样的配方，换个包装、换个名称就完事了。

这类卸妆乳加入氢氧化钾，清洁力强，实质就是洗面奶。例如某卸妆洁面乳，其成分如下：

水、椰油酰两性基二乙酸二钠、甘油、月桂酸、肉豆蔻酸、丁二醇、氢氧化钾、椰油酰胺MEA、PEG-120甲基葡糖二油酸酯、香柠檬果油、蔓荆果提取物、温州蜜柑果皮提取物、兰科植物提取物、山茶叶提取物、胭脂仙人掌果提取物、丙烯酸（酯）类共聚物、苯乙烯/丙烯酸（酯）类共聚物、乙基己基甘油、EDTA二钠等。

该配方中氢氧化钾排名第七，是标准的皂基洁面配方。香柠檬果油用来调香，用量肯定是很低的。在它后面通过一大堆提取物造成视觉上的轰炸效果，以及产品上的功能宣传，实际效果约等于零。

再如某卸妆乳液，其成分如下：

水、肉豆蔻酸、丁二醇、月桂酸、氢氧化钾、丙二醇、乙二醇二硬脂酸酯、月桂基甘醇羧酸钠、月桂基甜菜碱、甲基椰油酰基牛磺酸钠、PEG/PPG-9/2 二甲基醚、聚乙二醇 -90M、聚天冬氨酸钠、椰油酰两性基乙酸钠、羟丙基甲基纤维素、EDTA 二钠、硅石、丁羟甲苯、山梨酸钾、苯甲酸钠、羟苯甲酯等。

该配方也是皂基配方，氢氧化钾的排名更靠前，按道理清洁力会更强。该配方中通过加入各种保湿成分来加强保湿，用了之后不会觉得太干燥紧绷，但是长期使用对皮肤的伤害也是很大的。

卸妆乳这种产品地位比较尴尬，卸妆力不如卸妆油，清爽程度不如卸妆水，用起来也没有什么特别出色的地方，总体来看和鸡肋一样。

总结：卸妆乳主要依靠油性原料或者乳化剂起作用，产品的卸妆力与油性原料和乳化剂用量有关。

4.4 真相与全部真相

从肤感来说，卸妆水最清爽，卸妆油最油腻。但是卸妆力就刚好倒过来，卸妆水最弱而卸妆油最强。

卸妆水的主要成分是水溶性的多元醇和水溶性的乳化剂，由于油不溶于水，所以卸妆水很难清除干净妆容，特别是对于浓妆，有很大的概率清除不干净。

以某洁肤液为例，其成分如下：

水、PEG-6 辛酸 / 癸酸甘油酯类、EDTA 二钠、丙二醇、西曲溴铵、低聚果糖、甘露醇等。

EDTA 二钠作为螯合剂，用量是很低的，一般低于 1%，其后几个成分的用量因此也不会高于 1%。整个配方的清洁卸妆作用就是靠 PEG-6 辛酸 / 癸酸甘油酯类挑大梁。这种成分是很温和的非离子型表面活性剂，可溶于水，用作乳化剂、润肤剂和增溶剂，但是说到清洁力，这实在不是它的特长。

再如某卸妆水，其成分如下：

水、己二醇、椰油酰两性基二乙酸二钠、甘油、泊洛沙姆 184、聚氨丙基双胍等。

该配方中主要的清洁卸妆成分是己二醇和椰油酰两性基二乙酸二钠，前者是二元醇溶剂和保湿剂，后者是一种两性表面活性剂，清洁力比较温和，单独使用的时候尤其明显，所以这款卸妆水也很难有强效的卸妆力。

话又说回来，上面两款卸妆水能不能卸妆？

当然能！

对于油分少、附着力和防水力不强的妆容（例如蜜粉、散粉之类的），用卸妆水配合化妆棉是可以卸妆的：蜜粉、散粉是彩妆，这款卸妆水可以卸除蜜粉、散粉，所以这款卸妆水可以卸彩妆。多么严密的三段论！

问题在于：卸妆水能卸除掉全部妆容吗？换一种防水力强的彩妆，卸妆水能卸除吗？这些隐藏了魔鬼的细节，广告是不会告诉你的。广告只是说这款卸妆水可以卸掉彩妆，如果你要把“能卸彩妆”理解成为“能彻底清除睫毛膏”，那是你的问题，不是广告的问题。

美剧中经常有这样一个场景：证人在法庭上宣誓要“说真相，全部真相，只说真相”（Tell the truth, the whole truth and nothing but the truth）。因为绝大多数的欺骗，要么是没说真话，要么是只说一部分真话，要么是真话中夹带假话。

如果广告宣传像宣誓作证一样严格，就不会有那么多乱七八糟的忽悠了吧！当然，真要做到这点，估计化妆品行业也不再是给人以美丽梦想的行业了。

如果一定要用卸妆水，能做到强力卸妆吗？

这也是可以的。只要有需求，配方师啥都可以做出来，但是这样的配方一定添加了某些高风险成分，例如强力的表面活性剂，或者是有机溶剂（例如苯甲醇）。其本质就和洗甲水一样，必然会造成皮肤的损伤。

此外有很多卸妆水标榜用后只会留下保养成分，“不需要清水冲洗”。问题在于卸妆水的主要成分就是表面活性剂或者乳化剂，对皮肤没有营养作用，所以卸妆水用后还是要用大量的清水冲洗干净，以绝后患。

卸妆水适合的是没有耐心慢慢卸妆，只想快速解决问题的懒人。这种“快速方便”是以皮肤健康为代价换来的，得不偿失，不值得为了省一点点功夫而伤害皮肤。所以卸妆水能不用就不用；就算要用，也不要用化妆棉反复摩擦，而且用后还要用大量清水冲洗干净。

总结：卸妆水的“快速方便”是以皮肤健康为代价换来的，不值得为了省一点点工夫而伤害皮肤。

5

保　湿

5.1　长效保湿要补油

保湿是利用各种成分和方法从内而外地减少水分流失，保持皮肤湿润。它是护肤的基础环节之一，对维持皮肤的健康和美丽有非常重要的作用。

如果皮肤异常缺水，会导致干燥、发黄、发暗、松弛、皱纹等现象，长此以往会加速皮肤的衰老。所以不分性别，不分年龄，不分季节，都应该把保湿工作做好。

要达到保湿的目的，不外乎是通过两条途径：开源和节流。

开源是给皮肤直接补充水分（这就是补水概念的由来），典型代表是化妆水。

节流是减少水分流失，典型代表是各种保湿乳霜。

一个好的保湿产品，既要有亲水的吸湿剂，又要有疏水的封包剂、润肤剂，也就是各种油。

如果只有亲水的吸湿剂，水分容易流失；如果只有疏水的封包剂、润肤剂，肤感非常油腻厚重。只有两类成分共同使用，才能达到最好的保湿效果。

常用的亲水性成分有甘油、丙二醇、丁二醇、山梨糖醇、双丙甘醇、乳酸/乳酸钠、吡咯烷酮羧酸钠、尿素、尿囊素、海藻糖、透明质酸（钠）、泛醇、聚乙二醇、氨基酸、葡聚糖、各类水解产物（如水解大豆蛋白）等。

疏水性成分根据来源可以分为动物油、植物油和矿物油，从外观大致可以分为油（液态）、脂（半固态）和蜡（固态）。

一般来说，成分名称结尾是“油”“脂”“酯”“蜡”“烷”“烯”字样的，往往就是疏水性原料，举例如下。

油：橄榄油、花生油。

脂：可可脂、羊毛脂。

酯：棕榈酸异丙酯、肉豆蔻酸异丙酯。

蜡：石蜡、微晶蜡。

烷：聚二甲基硅氧烷、异十六烷、角鲨烷。

烯：角鲨烯、氢化聚异丁烯、聚乙烯基吡咯烷酮/十六碳烯共聚物。

不过这条判断规则只是一个粗略的标准，所以存在很多例外：

（1）以“甘油”结尾的属于亲水性成分，如甘油、乙基己基甘油。

（2）有些油性成分在水中也可溶解，例如羟苯甲酯。

（3）产品成分的名称含“PEG-”或者“聚醚”“聚氧乙烯醚”“乙氧基”字样

的，可能是水溶性成分，也可能是油性成分。

总结：油性成分可以减少水分流失，保湿效果比较好。想要做好保湿，特别是秋、冬季的长效保湿，就要认准油、脂、酯、蜡、烷、烯这 6 类油性成分。

5.2 保湿中的阿司匹林

甘油既便宜又常用，但它却有多方面的效果，而且近年来随着研究的深入，甘油的诸多效果不断被发现，老树发新芽，堪称是保湿成分中的阿司匹林。

甘油又称丙三醇，是最常用的护肤原料，绝大多数护肤品都会用到它。如果它的排名在成分表第二位，一般可以将它的用量预估为 5%，超过这个浓度会有点黏腻。

甘油具有很强的吸湿功能，因此纯甘油或者高浓度溶液会吸收表皮水分（倒吸）。药店卖的开塞露一般是 50% 浓度的甘油溶液，所以如果买开塞露回来用作保湿护肤，要按照一份开塞露加 10 份水的比例，将它稀释到安全浓度。

甘油不能和苯甲酸钠一起用，所以含有苯甲酸钠的产品，例如神仙水就不能用甘油。

近年的研究发现，甘油在护肤品中的作用，绝不只是单纯的吸水保湿。有研究者发现，哺乳动物皮肤水通道蛋白 3（AQP3）的缺失会导致角质层水合作用下降，皮肤弹性下降，皮肤屏障修复速度变慢；而补充甘油能改善这种现象，因此甘油的优点是其他二元醇 / 多元醇所不具有的。

虽然甘油有很重要的作用，但是它的应用也要讲基本法，网上说开塞露可以用来改善颈纹、去鸡皮、美白等，这种说法听一听就好，别当真。

凡是鼓吹用一种便宜简单的方式就可以改善一个顽固问题的，多半都是有意或无意的谎言，例如用绿豆治疗癌症、用开塞露治疗鸡皮、用蛋清改善黑头，等等。

总结：甘油又称丙三醇，是最常用的保湿原料之一，排在第二位的时候可以将它的用量预估为 5%。

5.3 丙二醇有毒？

丙二醇是甘油（丙三醇）的亲戚，也是很常用的保湿成分。它有两种化学结构，分别是 1,2- 丙二醇和 1,3- 丙二醇，这两种结构在化妆品中都有应用，如果没有特别说明，丙二醇就是指 1,2- 丙二醇。

丙二醇是一种良好的保湿剂，价格比甘油低，肤感比甘油好，用途广泛，可以用作保湿剂，还有抗菌和辅助清洁的作用。

近年来，不知道从哪里刮来一阵风，说婴儿湿巾含丙二醇，宝宝用了会中毒。这下可好，各种耸人听闻的标题——例如《你包里一定有它！用它擦手后等于吃毒！》——纷纷出炉。诸多不明真相的消费者纷纷表示丙二醇看上去让人心神不宁、情绪不稳。

含丙二醇的湿巾真的有毒吗？

这个问题其实应该分成两个层面来讨论：

（1）丙二醇有毒吗？

一般来说，丙二醇在化妆品中的浓度不会高于 5%，这个浓度在化妆品中是安全的，但有 5% 的人会出现刺痛和灼热反应，万一出现了，停用就是了，不需要过分担心。

（2）含丙二醇的湿巾有毒吗？

至于说含有丙二醇的湿巾是否安全，要考虑的因素就更多了，特别是湿巾中的其他成分、皮肤的状态以及湿巾的使用方法。

例如，很多杀菌湿巾都含有苯扎氯铵，这是一种防腐剂，对皮肤也有一定的刺激作用。婴幼儿和儿童、皮肤敏感和有伤口的人要慎用含有这个成分的湿巾。

使用湿巾的时候要避免直接接触眼睛、口鼻等敏感部位。在给婴幼儿和儿童使用时，一定要注意防止他们吮吸湿巾。所以，说含丙二醇的湿巾有毒，其实丙二醇是替不正确的用法和其他刺激性的成分担责了。

目前有一个令人担忧的趋势，那就是父母将宝宝的皮肤清洁得太干净了，有时候甚至连正常的菌落都检查不到，快接近无菌状态了，这绝非好事，因为它打破了原有的正常平衡。所以婴幼儿和儿童少用甚至不用湿巾，各种防腐剂、杀菌剂、荧光增白剂之类的添加剂就不用担心了。

总结：丙二醇在化妆品中是安全的，无须过分担心。如果担心杀菌湿巾中含有丙二醇，可以少用或不用湿巾。

5.4 二元醇大乱斗

同一个分子量的二元醇，会有不同的化学结构，例如二元醇至少有 1,2- 二元醇和 1,3- 二元醇两种。

1,2- 二元醇一般用作保湿剂和防腐剂，“1,2-”的字样可以省略。

1,3- 二元醇一般在提取加工植物原料时用作溶剂，也可用作保湿剂，“1,3-”的字样不能省略。

随着分子量的增加，分子结构会越加复杂，例如丙二醇有 1,2- 和 1,3- 两种结构，而丁二醇则有 1,2-、1,3-、1,4- 和 2,3- 等 4 种结构。其中 1,4- 结构和 2,3- 结构是重要的化工原料，但基本不用在化妆品中。

丁二醇是一种良好的保湿剂和溶剂，可以增加防腐剂的活性，本身也有一定的防腐效果，但使用成本较高。

其他常见的醇类保湿成分还有双丙甘醇、双甘油、聚甘油 -10、山梨醇（也称山梨糖醇）、甘露醇、木糖醇、赤藓醇、聚乙二醇等，它们的结构和作用各有不同，我们知道它们是水溶性的保湿剂就可以了。

总结：丙二醇、丁二醇、双丙甘醇是常用的二元醇保湿剂，配方特点与甘油类似。

5.5 玻尿酸者，孙山也

玻尿酸也叫透明质酸，是皮肤自身就有的成分，分子结构很特殊。亲水性非常强。商品化的透明质酸一般为钠盐，即透明质酸钠，人们习惯上仍称其为透明质酸。

透明质酸具有不错的保湿作用，一个流传很广的说法是 1 份透明质酸可以吸收 500 份的水，也有的说是 200～300 份。不管是多少倍，透明质酸的吸水性肯定是很好的，因此在保湿类护肤品中应用广泛。它的添加量一般在 0.1% 以下，超过这个量会很黏稠，还容易搓泥，成本也比较高。

有的品牌把透明质酸溶于水，再加入增稠剂，调出一种浓稠的感觉，号称是透明质酸原液。如果大家有兴趣，可以将 1g 透明质酸粉末和一瓶 550mL 的纯净水混在一起，过一个晚上透明质酸完全溶解，一瓶不含防腐剂的透明质酸就大功告成了。不过没有防腐剂，要在一个星期内用完。

透明质酸的浓度很低，所以可作为成分浓度高低的判断标准。当一个成分排在透明质酸之后，其浓度肯定不会超过 1%，因此，透明质酸好比是孙山，是榜上的最后一名，在孙山之后，那肯定就落榜了，透明质酸在这里的作用类似。

有些产品宣称添加的透明质酸含量很高，例如某保湿精华，号称有 2% 的透明质酸，它是怎么做到的呢？

官网给出的全成分如下：

Aqua (Water), Sodium Hyaluronate, Pentylene Glycol, Propanediol, Sodium Hyaluronate Crosspolymer, Panthenol, Ahnfeltia Concinna Extract, Glycerin, Trisodium Ethylenediamine Disuccinate, Citric Acid, Isoceteth-20, Ethoxydiglycol, Ethylhexylglycerin, Hexylene Glycol, 1,2-Hexanediol, Phenoxyethanol, Caprylyl Glycol.

翻译为：水、透明质酸钠、戊二醇、丙二醇、透明质酸钠交联聚合物、泛醇、美丽伊谷草（AHNFELTIA CONCINNA）提取物、甘油、乙二胺二琥珀酸三钠、柠檬酸、异戊醇-20、乙氧基二甘醇、乙基己基甘油、己二醇、1,2-己二醇、苯氧乙醇、辛基乙二醇。

根据官网的信息，2% 是指透明质酸钠和透明质酸钠交联聚合物的总含量，后者是把透明质酸和高分子交联聚合物掺杂在一起了，那么总的透明质酸的真实浓度有多少？估计只有配方工程师才知道，但是肯定不可能违反科学的配方原理。

透明质酸能被皮肤吸收吗？能用来改善皱纹吗？

答案是否定的。透明质酸分子量大，很难进入皮肤深层。外用涂抹后可以在皮肤表层形成一层膜，使皮肤显得紧致有光泽，就像剥了壳的鸡蛋里面那层膜一样。但这只是暂时的效果，一洗脸就打回原形了。

为了增强透明质酸的吸收，有人就对它进行纳米化或者水解处理，使它变成分子较小的片段。但是进行处理后，透明质酸的分子结构和性能都发生了改变，保湿效果受到影响。如果真正想要用透明质酸改善皱纹，最有效的办法还是去正规医院注射。

总结：透明质酸是很好的吸湿成分，在保湿护肤品中应用广泛。它的添加量一般在 0.1% 以下，可以作为判断成分浓度的参考点。

5.6 既天然又保湿的因子

天然保湿因子是一组水溶性小分子物质，主要有氨基酸（40.0%）、吡咯烷酮羧酸盐（12.0%）和乳酸盐（12.0%），其他成分还包括尿素 7.0%、钠离子 5.0%、钾离子 4.0%、钙离子 1.5%。

天然保湿因子主要由丝聚蛋白（FLG，也称聚角蛋白微丝蛋白）降解而来。丝聚蛋白在降解酶的作用下降解成游离氨基酸，然后与乳酸 / 乳酸钠、尿素和各种无机盐共同构成天然保湿因子。

这些成分比较安全，而且价格便宜，所以在很多护肤品中都有添加。除了通过外用补充外，更重要的是激活和强化天然保湿因子在体内的合成途径，包括增加丝聚蛋白的合成，提升丝聚蛋白降解酶的活性。

总结：天然保湿因子是一组水溶性小分子物质，成分安全，价格便宜，在护肤品中很常用。

5.7 补水是不可能的

甘油和二元醇、透明质酸、天然保湿因子都是水溶性的保湿剂，在补水产品中最为常用。下面以某洁肤水为例，分析这类成分的配方特点，其成分如下：

水、丁二醇、甘油、双丙甘醇、维氏熊竹叶提取物、甜菜碱、苯氧乙醇、海藻糖、EDTA 二钠、酵母提取物、乙酰壳糖胺、山梨酸钾、氯苯甘醚、糊精、母菊花提取物、黄龙胆根提取物、北美金缕梅提取物、奥氏海藻提取物、欧丹参提取物、磷酸二氢钠等。

该成分表中丁二醇排名第二，可以假定其含量为 5%，后面依次递减，甘油 4%、双丙甘醇 3%、维氏熊竹叶提取物 2%、甜菜碱 1%，苯氧乙醇作为防腐剂，含量肯定不超过 1%。后面还有一些成分，总的含量最多 16%。通过简单的计算可知，水的含量不低于 68%。

从整个配方体系来看，就是丁二醇、甘油、双丙甘醇这 3 个醇类吸湿剂起到保湿的作用，加上一堆植物提取物点缀其间，不含油分，肤感偏清爽。

这些保湿成分在环境湿度大的时候可以抓取外界的水分子，例如南方的夏天。但在大风、低温、低湿的环境中，例如冬天的北京，它们就不给力了，没办法从环境中吸取足够的水，皮肤表面的水分反而会不断挥发流失，导致皮肤出现紧绷干燥的现象。

所以补水只是一个营销概念，不是科学概念，水分是没法补进皮肤里面的。清爽水润的补水产品夏天可用，但需要特定的环境。如果用了补水产品后还觉得皮肤很干，说明水分流失了，需要用滋润的乳霜加强保湿。

总结：补水是一个营销概念，不是科学概念。如果用了补水产品后还觉得皮肤很干，说明水分流失了，需要用滋润的乳霜加强保湿。

5.8　万脂千油总是春

“因为 T 区出油，年轻的时候就特别害怕那种油光闪闪的样子，保湿类的东西都喜欢凝胶状的，后来发现凝胶状的一般力度都不够，虽然补水可以，但是因为凝胶都是水包油的，里面主要都是水，真正的营养成分很少，不能把水分保留住，清爽是清爽了，但是起不到持久的保湿效果。年纪大了，皮肤几乎就是干性的了，所以现在尤其注意保湿，不然衰老得快啊，现在一般是先使用一层保湿精华，然后再上一层乳霜状的保湿。”

以上这段话是水木社区的一个网友总结的保湿护肤历程，年龄增大时光靠补水产品可能就不够了，这时候需要用油性成分来阻挡水分的流失。

保湿原料分成亲水性成分和疏水性 / 油性成分，一般来说，名称结尾含“油”“脂”“酯”“蜡”“烷”“烯”字样的，往往就是油性原料，这些原料的大致特点可以归结如下：

“油”通常为液态，主要成分是甘油三酯和游离脂肪酸，一般来源于动物和植物，对皮肤有一定的营养作用。

“脂”通常为半固态或固态，主要成分是甘油三酯和游离脂肪酸，一般来源于动物和植物，对皮肤有一定的营养作用。

“蜡”通常为固态，像蜡烛一样，主要成分是高级脂肪酸酯，不是人体所需要的营养物质，基本没有营养效果。

某些矿物来源的碳氢化合物也称为油或脂，如矿油、矿脂。其成分和作用与来源于动植物的各种油、脂有比较大的区别。

“酯”在常温下通常为半固态或固态，主要成分是高级脂肪酸酯，一般来源于人工合成，不是人体所需要的营养物质，基本没有营养效果。

“烷”和“烯”的状态、成分、来源以及作用差别很大，很难用一句话来概括，需要具体情况具体分析。

面对这么多种类的油性原料，我们不免有疑惑：哪种原料最好呢？

标准答案是“具体情况具体分析”，综合考虑油脂的类型和用量、乳化体系、膏体稠度、肤感、应用功效等因素，依据试验结果来进行选择。

当然，这样的答案说了等于没说，也不是消费者所需要的。单从保湿的角度来说，简单粗暴的答案是：

（1）矿物来源的油脂保湿性能都很好，如矿油、矿脂、矿蜡，以及比较冷门的石蜡、微晶蜡、地蜡。

（2）固态或半固态的油脂保湿性能往往比液态的油脂好，如乳木果油、羊毛脂、蜂蜡。

第一条标准比较简单，因为矿物来源的油脂不多，从名字上也很容易辨别。第二条标准的普适性不如第一条，存在不少反例，例如油酸单甘油酯虽然也是半固态油脂，但是保湿效果比较弱。

5.9 保湿至尊，矿脂矿油

矿物（主要是石油）来源的油俗称矿物油，保湿效果非常好，价格又便宜。缺点是比较油腻，而且没有新鲜感。

常用的矿物油包括矿油、矿脂、矿蜡，比较冷门的有石蜡、微晶蜡、地蜡和褐煤蜡。各种支链脂肪族碳氢化合物，如异十六烷、异十二烷、异二十烷等也往往归于矿物油脂的范畴。

矿油俗称白油或者液体石蜡，外观为透明无色油状液体。矿脂外观为白色或淡黄色的膏状物，在常温时介于固体及液体之间。

矿物油的组成结构和皮脂差别非常大，会在皮肤表面形成不透气的膜，所以矿油和矿脂都具有非常好的保湿效果。

下面选取市面上几款具有代表性的产品，分析这类配方的特点。

1. 某 SOD 蜜

其全成分如下：

> 水、矿油、甘油、聚二甲基硅氧烷、硬脂醇、月桂醇磷酸酯钾、鲸蜡醇、超氧化物歧化酶（SOD）、人参根提取物、膜荚黄芪根提取物、甘油硬脂酸酯、EDTA 二钠、香精、羟苯甲酯、羟苯丙酯、DMDM 乙内酰脲。

该配方采用矿油 + 甘油 + 硅油的复配体系保湿，矿油含量约 5%，甘油含量约 4%，聚二甲基硅氧烷含量约 3%，这 3 个保湿成分的组合完全可以挑起保湿重任。

聚二甲基硅氧烷除了有保湿作用，还作为肤感调节剂，减少油腻感，并可防止硬脂醇、鲸蜡醇可能出现的搓泥现象。

月桂醇磷酸酯钾及甘油硬脂酸酯是主乳化剂，并配以硬脂醇、鲸蜡醇为助乳化剂。硬脂醇、月桂醇磷酸酯钾、鲸蜡醇含量都在 2% 左右，甘油硬脂酸酯含量约 1%。

月桂醇磷酸酯钾能很好地与脂肪醇（在这里是硬脂醇和鲸蜡醇）复配，形成含有液晶结构的乳状液。此外，磷酸酯还有助于油相成分更好地在皮肤角蛋白上沉积，因此用在防晒产品中可以使化学防晒剂在皮肤上的停留时间延长，提高防晒产品的性能。

该配方后面添加了微量 SOD 和植物提取物作为功效卖点，但是不会有什么实际作用。

该配方的防腐体系是两个尼泊金酯 + 甲醛供体 DMDM 乙内酰脲，也是经典的防腐体系，在这个价位也没有办法苛求更多了。

整个配方体系非常简洁，价格非常亲民，比那些同样用矿油为保湿主体，但是动辄上千元的贵妇产品来说，这款产品真可谓是良心之选了。

2. 某面霜

其成分如下：

水、甘油、矿油、角鲨烷、红花籽油、环聚二甲基硅氧烷、甘油硬脂酸酯、CI 77891、卡波姆钠。

该配方中甘油位居第二位，含量约为 5%，矿油为 4%，角鲨烷、红花籽油、环聚二甲基硅氧烷都符合“油脂酯蜡烷烯”的命名规则，含量在 2%～3%。

甘油硬脂酸酯是最常用（没有之一）的乳化剂，和矿油搭配的时候用量一般在矿油的 1/3～1/2，所以含量是 1%～2%。

CI 77891 也就是二氧化钛，含量很少，所以不是用于防晒，而是遮盖红血丝、红斑。

该配方整个体系没有加防腐剂，在排除其他原料带入防腐剂的前提下，防腐主要靠甘油硬脂酸酯，猜测这里用的是高纯度甘油月桂酸单酯，再配合其专利包装技术起到防腐作用。

3. 某乳液（升级版）

其成分如下：

水、矿油、积雪草叶提取物、丙二醇、硬脂酸、三乙醇胺、甘油硬脂酸酯、（日用）香精、硬脂醇、苯甲酸、苯氧乙醇、卡波姆、羟苯甲酯、羟苯丙酯、麦芽糊精、羟苯乙酯、迷迭香叶提取物、人参根提取物、啤酒花球果提取物、问荆提取物、PEG-40 氢化蓖麻油、辛基酚聚醚 -13、硅石等。

该配方的防腐体系用的是苯氧乙醇 + 尼泊金酯 + 丙二醇 + 苯甲酸，羟苯乙酯后面的一大堆植物提取物都可以忽略，它们的主要作用是增加营销卖点。由于植物提取物来源复杂，成分复杂，为了确保防腐效果，用了 6 种防腐剂（其中有 3 种尼泊金酯），估计也是迫不得已的选择。

该配方中的矿油含量大约在 5%，丙二醇大约在 3%，依靠这两个成分来起到保湿的作用；积雪草叶提取物的含量大约 4%，这也是整个体系最值钱的成分了；硬脂酸、三乙醇胺和甘油硬脂酸酯的含量是 1%～2%。

4. 某润肤乳

其成分如下：

水、矿油、甘油、矿脂、硬脂酸、甘油硬脂酸酯、芝麻籽油、尿素、羊毛脂醇、三乙醇胺、1,2- 戊二醇、苯氧乙醇、丙二醇二癸酸酯、丁二醇、EDTA 三钠、透明质酸钠、CI 19140、CI 15985、CI 17200 等。

该配方中的防腐成分包括苯氧乙醇、丁二醇和 1,2- 戊二醇，体系比较单薄。

该配方中的保湿成分包括矿油（约 5%）、甘油（4%）、矿脂（3%～4%）、芝麻籽油（1%～2%）、尿素（约 1%）和透明质酸钠，保湿性能非常全面，不过油性皮肤可能会觉得太油腻了。

该配方中的硬脂酸（约 2%）、甘油硬脂酸酯（约 2%）和羊毛脂醇（1%～2%）起到乳化的作用，羊毛脂醇颜色为淡黄色，略有气味，使用的时候一般要添加抗氧化剂 BHT 防止变色变味，该品牌在这里用了一个取巧的办法，把自己的产品命名为小黄油，后面还加了 3 个色素 CI 19140（食品黄）、CI 15985（食品黄）、CI 17200（食品红），即使羊毛脂醇变色了，也分辨不出来。

至于气味的问题，由于该品牌主打产品定位不含香料、不刺激之类的概念，所以也就顾不上那么多了，反正味道也不会很大。

5. 某唇膏

其成分如下：

> 矿脂、羊毛脂、白蜂蜡、合成鲸蜡、可可籽脂、液体石蜡、樟脑、薄荷醇、水杨酸、香兰素、食用香精（料）。

该成分表中前 6 个成分都符合油性原料的"油脂酯蜡烷烯"命名规则，除了液体石蜡（也就是矿油）是液态之外，其他都是半固态的脂和固态的蜡，所以膏体比较结实，不容易出现软趴趴的现象。

该成分表中樟脑和薄荷醇主要起到清凉的感觉，水杨酸在这里是去角质成分，加快嘴唇死皮的脱落，香兰素和食用香精都是起到调香作用，笔者不赞同在润唇膏中使用这些成分。

6. 某身体乳

其成分如下：

> 水、矿脂、羟基乙酸、甘油、氢氧化铵、硬脂酸、聚二甲基硅氧烷、矿油、鲸蜡醇、甘油硬脂酸酯、PEG-100 硬脂酸酯、山梨坦硬脂酸酯、丙二醇、双（羟甲基）咪唑烷基脲等。

该配方中矿脂、硅油和矿油复配保湿，其余原料也是以油性为主，结果就是质地很油腻。不过用在身体上也无所谓了，毕竟不像脸上那么多讲究。

这个产品的卖点是 12% 的果酸（羟基乙酸），但是真实浓度肯定没有 12%，因为在它后面的氢氧化铵也就是氨水会和羟基乙酸发生酸碱反应，降低果酸的浓度和刺激性。

根据现行《化妆品安全技术规范》（2015 年版），果酸游离浓度不能超过 6%，所以这款产品在这里是偷换了概念，很多标榜高浓度果酸的产品都喜欢玩这种把戏。

膏状外观是矿脂的特点，在控制流变性方面比液态的矿油有优势，在一些有特殊要求的产品如润唇膏、眼霜中，矿脂有独特的优势。

然而它的保湿封闭性太好，容易使眼霜肤感油腻，让人担心长脂肪粒，怎么办呢?

变通的办法就是降低矿脂的用量，搭配使用硅油，制造一种又轻薄又滋润的肤感。例如，某眼部精华霜、某修护眼霜、某去黑眼圈眼霜都是这方面的典型代表。

总结：矿油和矿脂在皮肤表面形成不透气的膜，保湿效果非常好。

5.10　不是所有的凡士林都是凡士林

19 世纪的时候，美国的石油钻井工人发现抽油杆上的蜡垢对割伤有一定的改善效果，他们把蜡垢称为 petrolatum（矿脂），从名字很容易看出它和石油的关系。

药剂师罗伯特・切森堡根据这一线索，花了 11 年时间从石油中提炼制成一种物质，命名为凡士林（vaseline），并创立公司来销售该产品。

由于凡士林有非常好的使用效果，因此广受欢迎、长盛不衰。时至今日，凡士林早就不再局限于切森堡创立的这个品牌或者这家公司，很多品牌都以凡士林之名推出自己的护肤产品，其影响力甚至越过化妆品的范畴，进入医药领域。

凡士林按照不同品质分成 4 个等级，其中最高等级的是医用凡士林，在药店很容易买到，十几块钱一大罐。虽然凡士林有保质期，但是过期后继续使用也没问题，除了颜色有点变化之外，质量并无影响。

凡士林有非常好的保护作用，非常适合在极端情况下使用，例如极干燥的皮肤，或极不稳定的皮肤状态。

以干皮为例，有些人的足部在冬季会出现皲裂的现象（图 5.1），可以将脚部清洁后在皲裂部位涂一层凡士林，再套上一个保鲜袋，穿上棉袜，第二天就可以体会到皮肤宛若新生的感觉啦!

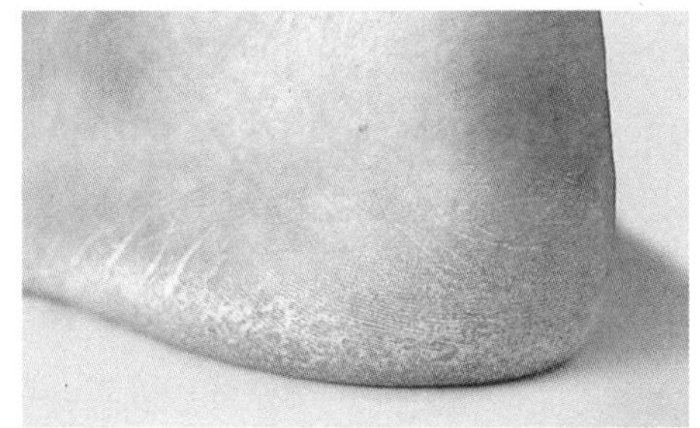

图 5.1　足跟皲裂

切森堡创立的品牌于 1987 年被联合利华收购，其产品线除了最早最经典的修护晶冻（petroleum jelly）之外，还有多种润肤产品，配方和普通护肤品并无差别，同样含有表面活性剂、防腐剂、香精等。所以购买的时候一定要问清楚，是不是你想要的凡士林，免得买了不合适的产品。

总结：凡士林是矿脂的俗称，有很好的修护作用；也可以指一个品牌或者某个产品。极干燥或极不稳定的皮肤可以选择医用凡士林或者成分单一的修护晶冻。

5.11　有害的不是矿物油，是人心

如果把各种矿物油都用在一个产品里面，会发生什么情况？

答案就是某精华面霜，其成分如下：

水、矿油、矿脂、藻提取物、甘油、异十六烷、微晶蜡、羊毛脂醇、来檬果提取物、石蜡、变性乙醇、硫酸镁、油酸癸酯、二硬脂酸铝、辛基十二醇、（日用）香精、硬脂酸镁、柠檬酸、泛醇、苯甲酸钠、甜扁桃籽粗粉、向日葵籽饼、芝麻籽粉、芝麻籽油、生育酚琥珀酸酯、葡糖酸钙、葡糖酸钠、葡糖酸镁、烟酸、葡糖酸铜等。

可以看到四大类矿物油全齐了，还添加了动物油来源的羊毛脂醇，保湿效果绝对是很棒的。

至于说这一罐矿物油值不值 4 位数的价格，只能说见仁见智吧！从消费者的角度来说，产品除了有使用功能，还有满足心理需求的功能，所谓“千金难买我乐意”，就是这个意思。

从切森堡提炼出凡士林开始，矿物油作为化妆品成分的使用历史已经超过了 100 年。矿物油到底安全不安全？为什么隔一段时间就会有人炒作“矿物油对皮肤有害”的论题？

先看看常见的“矿物油对皮肤有害”的具体论点。

1. 矿物油致癌

矿物油来源于石油，原料中的某些成分确实含有致癌性，但是用于化妆品以及药物的矿物油是经过精炼的，成分不同。把石油原料和不同级别的产品混为一

谈，就是不讲科学了。

2. 矿物油会引发粉刺

含矿物油的产品确实会导致某些人（不是所有人）出现粉刺，原因可能和以下因素有关。

首先，矿物油保湿和封闭性能很好，本来就是给熟龄/干性皮肤用，油皮凑啥热闹？明知自己容易得粉刺，你还凑上去，你不长粉刺谁长？

其次，矿物油替配方中的其他致痘成分担责。由于矿物油（特别是矿脂）肤感黏稠，经常与合成酯如棕榈酸异丙酯或肉豆蔻酸异丙酯共用，改善肤感。而这两个成分是有导致出现粉刺的风险的，结果矿物油就担责了。

以某洁颜油为例，其成分如下：

> 液体石蜡、肉豆蔻酸异丙酯、C12-15 醇苯甲酸酯、PEG-20 甘油三异硬脂酸酯、碳酸二辛酯、聚山梨醇酯 -85、海水、PEG-6 二异硬脂酸酯、甘油、香精、丙二醇、薄荷氧基丙二醇等。

该配方中的肉豆蔻酸异丙酯排名第二，含量很多，所以人体使用后容易出现粉刺。

再如某卸妆液，其成分如下：

> 水、环五聚二甲基硅氧烷、异十六烷、棕榈酸异丙酯、氯化钠、磷酸氢二钾、泛醇、聚氨丙基双胍等。

该配方中同样含有易致粉刺的棕榈酸异丙酯，而且没有添加乳化剂，乳化能力很差。有些人用它来卸脸上的底妆，结果发现彩妆卸不干净，整张脸非常油，还会长粉刺。

所以无论是面部还是眼唇的卸妆产品，用后最好都用洗面奶进行二次清洁，防止残留。有些导购说自家的卸妆油不需要二次清洁，其实往往是为了卖货，听听就算了，不要当真，毕竟导购不会为你的脸负责。

接下来跳出化妆品的成分和配方，做一点消费心理学方面的分析。为什么某些公司要将矿物油贬得一文不值，甚至强调矿物油有害？

最直接的原因是为了让消费者买单。某些没下限的品牌通过散播谣言，有意诋毁矿物油（或者其他成分），试图通过这种方法实现差异化营销。矿物油有害论是这样，尼泊金酯是这样，硅油也是这样。

这种做法诋毁了化妆品中合法、安全的成分，在欧盟属于不公平竞争。遗憾的是，我们国家的市场监管工作尚不够成熟，消费者又不具备相应的专业知识，当不明真相的消费者加入到谣言扩散的行动中去，就进一步扭曲了真相和事实。所以在追求美丽的过程中，对消费者普及知识的工作确实是任重而道远。

总结：高纯度的矿物油很安全，虽然会引起某些人长粉刺。想要避免粉刺，就要学会正确选择和使用产品，特别是保湿和卸妆产品。

5.12　恻隐之心，人皆有之

动植物油有甘油三酯和游离脂肪酸（特别是不饱和脂肪酸），此外还存在少量不能和碱反应的不皂化物，例如磷脂、神经鞘脂类、固醇和维生素。以上这些往往都是对皮肤有益的物质，所以动植物油的营养价值比矿物油要高。

化妆品中常用的动物油有马油、蛇油、蛤蟆油、海龟油、貂油、鲨鱼肝油、鸸鹋油、鲸蜡等。不同动物油具有不同的作用，例如，貂油有紫外吸收性以及抗氧化性，常用于头发调理；鲨鱼肝油含有丰富的角鲨烯，对皮肤起到润滑作用，还能预防过度日晒引起的皮肤癌。

然而和植物油相比，动物油在化妆品原料中一直没有成为主流，甚至比矿物油还冷门，原因何在呢?

（1）生命意识。很多动物油都是在杀死动物后从其体内提取，例如鲸蜡来自鲸，捕杀鲸的场面是非常血腥的，所以除了日本之外，世界上各国都已经实行了禁止捕杀鲸的禁令。

对于美容护肤这种茶余饭后的闲情逸致来说，为了一己之私而去残杀动物，就太过分了。

（2）不好用。很多动物油都带有特殊的气味，而且容易酸败，产生“哈喇子”的味道。

（3）安全风险。例如羊可能会感染疯牛病，从而影响原料的安全性。

很多原料成分以前只能在杀死动物后从其躯体内得到，现在已经可以采用其他替代方式生产，例如角鲨烯以前从鲨鱼体内提取，现在改成从橄榄油里面提取。透明质酸以前来自公鸡的鸡冠，现在可以用生物发酵的办法生产。

很多知名的化妆品公司都减少乃至停止使用动物来源的原料，这是一个值得鼓励的趋势，毕竟恻隐之心人皆有之，想到涂抹在脸上的东西是动物尸体的一部分，总会有种不舒服的感觉。

此外，发达国家和地区都已经或者正在推行化妆品的动物实验禁令，我国也积极向这方面接轨，这也是值得肯定和提倡的。

总结：无论是从环保的角度、从可持续发展的角度来说，还是从产品的角度来说，以杀死动物为代价得到的原料都应该少用。

5.13 我进化到食物链顶端，不是为了吃素

在影响动物油应用的 3 个因素中，安全性和味道都是技术层面的，可以通过技术的办法改善，唯有生命意识是情感方面的，是心理方面的，不能用技术来处理。

不过就像佛家有吃素的戒律，又有“三净肉”的变通之法，如果动物油不是以杀死动物为代价，而是通过一种可持续、可重复的方式得到，那么用起来就不会有心理障碍了。

符合这样条件的常用的动物油有两种，分别是蜂蜡和羊毛脂，它们都是固态或半固态的原料，保湿性能比很多液态的油要好。

蜂蜡是由工蜂腺体分泌出来的黄色或者褐色蜡状固体，氧化漂白后称为白蜂蜡，呈白色或者淡黄色。蜂蜡的成分很复杂，有几百种微量组分，不皂化物含量非常高。

早在古罗马时期，人们就发现蜂蜡和硼砂能够发生乳化反应；随着乳化技术的发展，硼砂已经逐渐被淘汰，但是蜂蜡时至今日仍然在化妆品中得到广泛应用，特别适合需要从模具中脱落的棒状化妆品，例如润唇膏或者口红。

值得注意的是，纯度不够高的蜂蜡含有花粉等杂质，可能对皮肤产生刺激，用于唇部可能会产生唇炎。

另一个常用的动物油是羊毛脂，它是覆盖在羊毛上的羊皮脂腺的分泌物，成分很复杂。精炼后的羊毛脂是一种蜡状物质，有很好的乳化和润肤作用。不过羊毛脂常因为安全性被诟病，在人群中的过敏率在 5% 左右。

粗羊毛脂加工后除了得到精制羊毛脂之外，还可得到一系列衍生物，名字中都有“羊毛”的字样，如羊毛脂油、羊毛蜡、羊毛醇、羊毛酸等，它们在化妆品中应用也很广泛。以某护唇膏为例，其成分如下：

羊毛脂油、辛酸/癸酸甘油三酯、小烛树蜡、羊毛脂、蜂蜡、硬脂酸、角鲨烷、石蜡、油橄榄果油、1,2-戊二醇、生育酚(维生素E)、苯氧乙醇、硬脂醇甘草亭酸酯等。

该配方以防腐剂苯氧乙醇为参考点，在它之后的成分含量较低，可以忽略；在它之前的成分除了1,2-戊二醇外，全是“油脂酯蜡烷烯”的油性原料，产品整体是一个油包水的体系。

羊毛脂油和羊毛脂除了作为润肤剂起到保湿作用，并有助于透皮吸收外，在油包水型乳液中还是很好的乳化剂。

该配方中的3种蜡(小烛树蜡、蜂蜡、石蜡)保证润唇膏有足够的熔点和硬度。

不过如前所述，羊毛脂和蜂蜡都有一定的过敏风险，用在唇部对某些人来说可能导致唇炎。很多知名品牌虽然用的是优质原料，但个体差异仍然存在，不能避免出现过敏的情况。

总结：蜂蜡和羊毛脂是化妆品中常用的动物油，有很好的保湿性能，都有一定的致敏性。

5.14 能吃的就一定能抹?

和动物油、矿物油比起来，植物油在化妆品原料中的占比较大，很多植物油在日常生活中很常见，也是食物的重要原料，例如橄榄油。这就给人一种错觉：能吃的一定能抹在脸上。

事实真的如此吗?

从系统性的风险角度来说，能吃的当然能用在脸上，因为食物的安全要求比化妆品要高得多，既然吃都没有问题，那么用在皮肤上也不会有问题。这就是为什么米饭蛋清小苏打、白醋酸奶油盐茶之类的玩意儿，都有人用到脸上的原因。

但是，皮肤毕竟和消化道不一样，这些食物虽然不会致癌，但会不会有其他副作用呢?

答案是肯定的：有!

以椰子油为例，它含有特别多的小分子脂肪酸，酸性很强，所以对皮肤有刺激性，不适合直接用在皮肤上，一般都是用作化妆品的原料。

再如橄榄油，它含有特别多的油酸，而油酸对皮肤屏障功能有破坏作用，还有致粉刺的风险。在痤疮的动物实验中，有一种做法就是通过涂抹油酸形成微痤疮模型[1]。所以有人用纯橄榄油涂抹面部之后，会出现闭口粉刺。

总结：能吃的植物油未必能用在皮肤上，要根据产品的成分和皮肤的需求来具体分析。

参考文献

[1] 中华中医药学会中药实验药理专业委员会.瘙痒动物模型制备规范(草案)[J].中华中医药杂志,2018,33(2):610-613.

5.15 椰子好吃，椰子油不好抹

椰子油在网上有很多神奇的作用：可以当身体乳、漱口水、卸妆油、洗面奶、护发素、止汗剂……总之是外用能护肤养发，内服能减肥排毒，堪称万能的美容神器。护发神油、减肥利器，各种功效大概一千零一夜都说不完。

真的吗?

先看椰子油的成分。椰子油的主要成分是饱和脂肪酸，占80%~90%，包括月桂酸44%~52%、肉豆蔻酸12%~19%、棕榈酸8%~11%、癸酸6%~10%、辛酸5%~9%；不饱和脂肪酸约占10%，此外还有少量不能与碱反应的不皂化物，例如固醇、磷脂、维生素等。

（1）从营养性的角度分析。椰子油的不饱和脂肪酸含量少，对皮肤有益的不皂化物更加少得可怜，养肤护肤效果实在不怎么样。

（2）从安全性的角度分析。椰子油有一个显著的特点：脂肪酸以中小分子为主，特别是辛酸和癸酸，它们容易进入皮肤，引起刺激和其他不良反应，敏感性皮肤和干性皮肤尤其要注意。

脸上涂抹椰子油之后可能出现又痒又红的小包包，实际上是皮肤受到刺激的表现。所以不建议用椰子油护肤，无论是用在脸上、嘴唇上还是身体上。

椰子油不能护肤，用来抹头发行不行呢?

这个问题不太好回答，因为头发是没有生命力的，而且外面包覆有一层毛鳞片，起到保护作用，所以头发不像皮肤那么容易受刺激，用椰子油也未尝不可，但是实际效果肯定没有网上吹嘘得那么好，否则各大厂家早就把它推广开来了。

（3）椰子油的减肥和排毒效果。椰子油作为食物的营养作用，超出了护肤品的讨论范围。不过，对于减肥来说，真正有效的办法只有两个：一是管住嘴；二是迈开腿。

至于说排毒，这是一个很好的筛查智力的办法，凡是相信排毒说法的人，或者是恨化学、怕电磁辐射的人，都应该得到智力上的特别关爱和照顾。

椰子油这股风不知道是从哪里刮出来的，对于这种突然刮来的大风，理性的消费者一定要睁大双眼仔细分析：那些被美化、被粉饰的文章背后，是怎样的利益驱动？有了这种基本的理性态度和科学认知，就不容易被洗脑了。

总结：椰子油的各种护肤功能宣称都是编造出来的，不建议将其用在皮肤上。

5.16 液体黄金的另一面

橄榄油因地中海饮食结构而知名，有“液体黄金”之称。油酸在橄榄油中的含量高达 55%~83%，据说可以改善血液循环、降低血脂和胆固醇，所以橄榄油作为食物对人的健康是有利的，但是作为化妆品成分，涂抹在皮肤上就不一定了。

2008 年的一项研究发现，橄榄油未必有想象中的那么好。研究人员把 18 位皮肤正常的成年人分成两组：第一组每天在一只胳膊上用两次橄榄油，而另一只胳膊不涂抹任何东西，持续 5 周；第二组每天在一只胳膊上用两次橄榄油，另一只胳膊用两次葵花籽油，持续 4 周。

研究结果显示，外用橄榄油降低了角质层的完整性，导致轻度红斑，而葵花籽油则保持了皮肤角质层的完整性，没有引起红斑[1]。

橄榄油的上述副作用可能是油酸引起的，油酸能破坏角质层的完整结构，在皮肤上杀出一条血路，让活性物冲进去，帮助活性物的渗透，其代价就是对屏障功能造成损伤[2]。

橄榄油和油酸的另一个被诟病的地方是会导致出现粉刺，所以涂抹纯橄榄油之后面部可能会出现闭口粉刺。以某卸妆油为例，其成分如下：

> 油橄榄果油、辛酸 / 癸酸甘油三酯、山梨醇聚醚 -30 四油酸酯、1,2- 戊二醇、苯氧乙醇、硬脂醇甘草亭酸酯等。

该成分表中的第一个成分就是橄榄油，油酸的含量肯定不低，所以很多人反映用了这个产品之后闷痘或者狂长闭口。

和橄榄油相比，葵花籽油的主要成分是亚油酸，有很好的屏障修复作用，油酸含量只有 14%~40%，这就解释了为什么在第二组研究中葵花籽油没有引起红斑。

除了橄榄油之外，在以下天然植物油中油酸含量也是较高的：花生油 35%~72%、棕榈油 43%、芝麻油 37%~49%、杏仁油 60%~79%、甜扁桃油 62%~86%、油酸型红花油 77%、鳄梨油 42%~81%、澳洲坚果油 57.8%、稻糠油 40%~50%、油茶籽油 74%~87%、山茶籽油 / 日本茶籽油 86.7%、可可籽脂 33.8%~36.9%[3]。

如果接触这些油之后脸上出现又痒又红的包包，就像被蚊子叮咬一样，就要从皮肤屏障受损和粉刺的角度去分析是不是油酸引起的，特别是长时间、大范围地涂抹高浓度的植物油时。我们可以爱“天然”，但不要迷信“天然”。

总结：外用橄榄油和油酸含量高的植物油可能会损伤皮肤屏障功能，引起红斑，甚至导致出现粉刺。

参考文献

[1] DANBY S G, ALENEZI T, SULTAN A, et al. Effect of olive and sunflower seed oil on the adult skin barrier: implications for neonatal skin care[J]. Pediatric Dermatology, 2013, 30(1):42-50.

[2] 褚爱武，崔跃红，刘文波，等 . 油酸经皮促透作用微观机制的研究 [J]. 电子显微学报 ,2002(2):184-187.

[3] 裘炳毅 . 现代化妆品科学与技术 [M]. 北京：中国轻工业出版社 ,361-374.

5.17 一字之差，天壤之别

无论是在护肤品还是在食品中，我们都会经常见到油酸、亚油酸和亚麻酸这几个成分，它们到底是什么？有什么作用？

要分清楚这些成分，就得从硬脂酸说起。硬脂酸也叫十八酸，是有十八个碳原子的饱和脂肪酸，长得像这个样子：

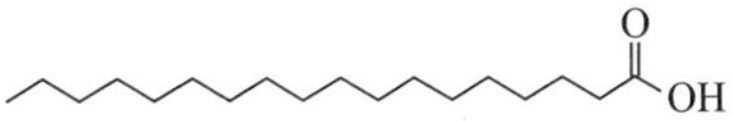

O
OH

每条线段表示两个相邻的碳原子，如果从中央的两个碳原子上各拿走一个氢原子，得到的就是油酸，长得像这个样子：

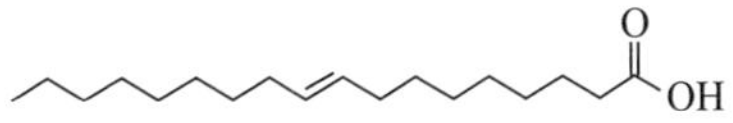

O
OH

中间的“＝”表示碳碳之间失去氢原子后形成的双键。

从油酸分子上再拿走两个氢原子，得到的就是亚油酸，有两个双键，长得像这个样子：

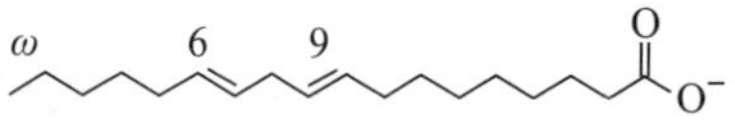

从亚油酸分子上再拿走两个氢原子，它就成了亚麻酸，有很多种结构，下面这种结构叫作 γ－亚麻酸：

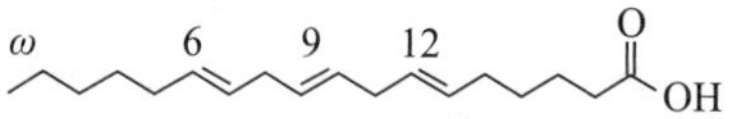

它的双胞胎兄弟叫作 α－亚麻酸，长得像这个样子：

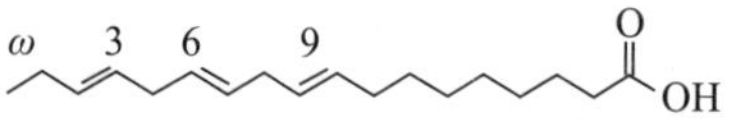

综上所述，硬脂酸、油酸、亚油酸和 α－亚麻酸、γ－亚麻酸是五兄弟，硬脂酸是大哥，油酸和亚油酸分别是老二和老三，α－亚麻酸和 γ－亚麻酸是一对双胞胎，它俩没有本质区别，营养作用和护肤作用都差不多。

亚油酸和亚麻酸都是人体必需的脂肪酸，有很好的护肤作用，而且对各种肤质都适用：对于干性皮肤能够修复和改善皮肤屏障功能，对于油性皮肤有抑制脂质过氧化的作用，对于敏感性皮肤可以减轻炎症。

亚油酸和油酸虽然只差一个字，但是作用却相差很多。油酸有引起粉刺的顾虑，而亚油酸有助于预防粉刺和黑头，在发用产品中可以补充毛囊营养，促进生发。

护肤品中比较少用纯的亚油酸或者亚麻酸，一般都是用植物油来代替。亚油酸在红花油（普通型）中含量为 71%～75%，在月见草油中为 71%，在葡萄籽油中为 60%～75%，在葵花籽油中为 48%～74%，在小麦胚芽油中为 44%～65%，在大豆油中为 43%～56%，在玉米油中为 36%～70%。γ－亚麻酸主要来自玻璃苣油和月见草油，而 α－亚麻酸主要存在于亚麻籽油、大豆油和紫苏籽油中。

除了外用之外，也可以通过食物来补充亚油酸和亚麻酸，干性、敏感性肤质的人还可以适当吃含有亚油酸和亚麻酸成分的坚果类食物。

总结：亚油酸和亚麻酸都有很好的护肤作用，特别是修复和改善皮肤屏障功能。

5.18 乳木果和牛油果

乳木果油是这几年大热的明星原料，和大多数植物油一样，既可以食用也可以作为化妆品原料外用。然而奇怪的是，如果我们去看《已使用化妆品原料目录》，从头翻到尾，都找不到乳木果油的身影，这位到底是何方神圣呢？

要挖掘它的身份也不难，以某乳木果滋养膏为例，它只有两个成分：牛油果树果脂、生育酚。后者就是维生素 E，可以排除，那么剩下那个就只能是乳木果油了。

原来它作为食物的名称是乳木果油，在化妆品中的名称是牛油果树果脂，俗称牛油果油，从牛油果树中提取。这种树也叫作酪脂树，分布在非洲，特别是西非从塞内加尔到尼日利亚之间的地区。

牛油果树果脂是一种脂而不是油，它是半固态软蜡状的物质，熔点为 32～45℃。通常半固态脂的保湿效果比一般的液态油要好，牛油果树果脂也不例外，能在皮肤表层成膜，能有效地防止水分挥发流失[1]。

此外，它的不皂化物含量非常高。植物油中不皂化物含量在 1% 左右，而牛油果树果脂高达 3%～11%。不皂化物可以看作油脂的营养指标之一，含量高当然是好事。

牛油果树果脂的不皂化物主要是萜烯醇和植物甾醇，具有加速伤口愈合、消炎和抗氧化的作用，所以是一种有效的抗衰老成分。

牛油果树果脂在低温的时候容易凝固，质地变硬，会对产品的使用带来一定影响。以某滋润护唇膏为例，其成分如下：

> 辛基十二醇、C10-18 脂酸甘油三酯类、牛油果树果脂、氢化蓖麻油、小烛树蜡、氢化椰油甘油酯类、蜂蜡、C18-36 酸甘醇酯、C18-36 酸甘油三酯、生育酚乙酸酯等。

除了牛油果树果脂，还有小烛树蜡和蜂蜡，这些都是熔点比较高的原料；此外还加入了氢化蓖麻油和氢化椰油甘油酯类，这两种氢化油的熔点也非常高，例如氢化蓖麻油的熔点高达 88℃。

这么多高熔点的油脂加在一起，结果就是有人吐槽这玩意用起来像蜡笔一样，质地很硬很脆，蜡感重，容易断，不滋润。所以牛油果树果脂的含量要适当，搭配的其他油脂也要仔细斟酌。

总结：牛油果树果脂的保湿效果好，不皂化物含量高，可以用作保湿和抗衰老成分。由于熔点高，在乳霜类护肤品中的添加量要适当。

参考文献

[1] 王北明，祝菁菁，龚俊瑞．常用油脂对化妆品保湿效果的影响研究 [J]. 香料香精化妆品 ,2017,(4):28-32,38.

5.19 特立独行的霍霍巴油

霍霍巴油的名字叫作油，实际上是一种蜡酯。它来自霍霍巴灌木，霍霍巴是印第安语 jojoba 的音译，读音是〔həˈhoʊbə〕，从霍霍巴灌木的果实压榨或萃取得到的油就是霍霍巴油。

皮脂堵塞在毛孔会形成闭口或黑头(图 5.2)，用霍霍巴油按摩可以改善黑头[1]。

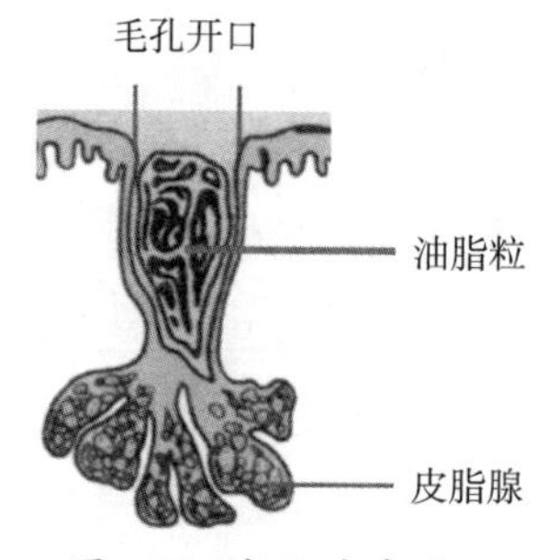

图 5.2 皮脂堵塞毛孔

想要改善黑头，就要恢复毛孔的通畅。办法有很多，例如可以通过外力强行将油脂粒挤出来；也可以通过化学上“相似相溶”的原理，以油溶油，溶解油脂粒。有些人用了一阵子卸妆油后，发现黑头有改善，原因就在这里。

如果是中性或者干性皮肤，那么各种液态油特别是植物油都可供选择。然而，大多数植物油的油酸含量都不低，可能诱发或者加重粉刺[2]。而霍霍巴油的油酸含量很低，大约在 1.4%[3]。所以油性皮肤可以用纯霍霍巴油改善黑头以及卸妆，不用担心粉刺的问题。

霍霍巴油的另外一个优点是非常稳定，可以存放很久，不用担心变质酸败的问题。

纯霍霍巴油的凝固点是在 4～8℃，在冰箱放一晚基本上就会凝固。假如在冬天的北方，没有暖气的时候也容易凝固。如果霍霍巴油在低温下没有凝固，那就说明纯度有问题，可能是添加了其他油分。

除了通过凝固状态来判断霍霍巴油的质量之外，也可以结合颜色、提取工艺和产地来判断。我的个人经验和偏好是：首选金黄色的，其次才是脱色的霍霍巴油，因为脱色精炼过程可能会有营养物质的流失；首选压榨工艺的，其次才是萃取工艺的霍霍巴油，因为萃取过程可能有溶剂残留。

总结：霍霍巴油是一种液态蜡酯，有一般液态油脂的特点和功能。它的油酸含量很低，油性皮肤可以用纯霍霍巴油改善黑头以及卸妆，没有诱发粉刺之虞。

参考文献

[1] 跑跑猪瞎嘚瑟．泪奔：终于找到了去油脂粒、角栓的方法啊 [EB/OL][2020-09-30]. https://www.douban.com/group/topic/26972490/?start=0.

[2] 苗明三．痤疮动物模型制备规范（草案）[J]. 中华中医药杂志，2018，(33)1:197-200.

[3] 裘炳毅．现代化妆品科学与技术 [M]. 北京：中国轻工业出版社，2016：361-374.

5.20 多姿多彩的甘油酯

酯是醇和羧酸反应得到的产物，醇和羧酸的比例从 1:3 到 2:1 都有，最常见的是 1:1。

化妆品中的酯绝大多数是通过化学合成的办法得到的，所以也称为合成酯。它们基本上都有比较好的滋润皮肤的效果（但不一定有很好的保湿效果），因此也称为润肤剂。

甘油和羧酸反应得到的酯称为甘油酯，例如常用的辛酸 / 癸酸甘油三酯，它的肤感很滋润，却不油腻，加入乳霜中可起到润滑皮肤的作用，还可以作为脂肪酸的补充来源。

化妆品中一个成分只要用久了，就容易引起质疑，例如在网上就出现这样一句话：

> （脂溢性皮炎）一定要避免动植物油脂以及辛酸 / 癸酸甘油三酯，这些都会成为马拉色菌的温床。

消费者看了这句话后，发现很多保湿乳霜都有这个成分，整个人都不好了。实际上，脂溢性皮炎是一种皮肤病，得了病就应该去找医生用药治疗。再说，这个成分比较滋润，本来就不是给脂溢性皮肤用的，就像矿油不是给油性皮肤用的一样，所以完全没有必要被这样的文章误导。

另一种常用的甘油酯是甘油三（乙基己酸）酯，它也有很好的滋润效果，与硅油的配伍性好，对化学防晒剂也有很好的溶解性，在很多防晒产品里面都能见到。

甘油和脂肪酸按照 1:1 比例反应得到的酯称为甘油单酯，常用的是甘油辛酸单酯、甘油癸酸单酯和甘油月桂酸单酯。它们都有一定的防腐抑菌作用，而且刺激性很低，所以在不方便使用防腐剂的场合，可以考虑用甘油单酯来防腐。

总结：辛酸 / 癸酸甘油三酯肤感滋润不油腻，可用于修复角质层；甘油三（乙基己酸）酯可用于防晒产品；甘油单酯有防腐的作用。

5.21 那些叫作异丙酯的家伙

异丙酯是异丙醇和脂肪酸反应的产物，最典型的是肉豆蔻酸异丙酯（IPM）和棕榈酸异丙酯（IPP）。肉豆蔻酸和棕榈酸是两兄弟，肉豆蔻酸异丙酯和棕榈酸异丙酯是它们各自的孩子，所以这两种异丙酯应该算是堂兄弟。

肉豆蔻酸异丙酯和棕榈酸异丙酯在化妆品中用途很广泛，能降低油腻感，帮助渗透和吸收，还有不错的滋润效果，但会有致粉刺的风险。

先说肉豆蔻酸异丙酯，它的渗透性好，易渗入毛孔溶解油脂类污垢，所以在卸妆产品（尤其是卸妆油）中非常好用。它肤感丝滑干爽，能减少其他油脂（特别是橄榄油和玉米胚芽油）的油腻感。

以某卸妆油为例，其成分如下：

> 液体石蜡、玉米胚芽油、PEG-20 甘油三异硬脂酸酯、红花籽油、聚丁烯、辛基十二醇、肉豆蔻酸异丙酯、二辛基醚、碳酸二辛酯、香精、角鲨烷、霍霍巴籽油、澳洲坚果籽油、生育酚（维生素 E）、甘油、茶叶提取物、银杏叶提取物等。

这款卸妆油通过“以油溶油”的原理来溶解油彩，主体是液体石蜡（即矿油）+ 玉米胚芽油 + 红花籽油，用肉豆蔻酸异丙酯来降低油腻感。有人一用这个产品就长小粉刺，以为是矿物油惹的祸，其实是肉豆蔻酸异丙酯的责任。

香精一般用量不会超过 1%，位于香精之后的成分，例如霍霍巴籽油以及澳洲坚果籽油，含量都不会高。

再如某 CC 霜，其成分如下：

> 水、氢化聚异丁烯、甘油、丁二醇、肉豆蔻酸异丙酯、异十六烷、环己硅氧烷、环五聚二甲基硅氧烷、苯基聚三甲基硅氧烷、鲸蜡基 PEG/PPG-

10/1 聚二甲基硅氧烷、聚甘油 -4 异硬脂酸酯、月桂酸己酯、硬脂氧聚甲硅氧烷 / 聚二甲硅氧烷共聚物、聚二甲基硅氧烷、氯化钠、二硬脂二甲铵锂蒙脱石、山梨坦倍半油酸酯、生育酚乙酸酯、羟苯甲酯、苯氧乙醇、一氮化硼、聚甲基丙烯酸甲酯、（日用）香精、藻提取物、人参根提取物、透明质酸钠等。

氯化钠在配方中用作黏度控制剂，含量比较低，以它作为含量的参考点，在它之前的 14 个成分，只有 3 个是水溶性的，其他全都是“油脂酯蜡烷烯”，可以想象，这样的产品一定是非常油腻的，所以要用肉豆蔻酸异丙酯来降低油腻感。

再如某补水霜，其成分如下：

水、丁二醇、甘油三（乙基己酸）酯、甘油聚甲基丙烯酸酯、丙二醇、肉豆蔻酸异丙酯、聚二甲基硅氧烷、PEG-20 甲基葡糖倍半硬脂酸酯、甲基葡糖倍半硬脂酸酯、PEG-100 硬脂酸酯、鲸蜡硬脂醇、3- 邻 - 乙基抗坏血酸、β - 葡聚糖、泛醇、水解胶原、丙烯酸（酯）类 /C10-30 烷醇丙烯酸酯交联聚合物、双（羟甲基）咪唑烷基脲、羟苯甲酯、羟苯丙酯、银耳多糖、PVM/MA 共聚物、叶绿酸 - 铜络合物等。

该成分表中前 10 个成分里面有 7 个是“油脂酯蜡烷烯”，甘油三（乙基己酸）酯和肉豆蔻酸异丙酯搭配，应该有很好的滋润效果和不油腻感。

有些祛痘产品里面居然用到肉豆蔻酸异丙酯，例如某祛痘产品，其成分如下：

水、聚山梨醇酯 -60、互生叶白千层 (MELALEUCA ALTERNIFOLIA) 叶油、乙醇、肉豆蔻酸异丙酯（IPM）、卡波姆、三乙醇胺等。

这个产品的配方很简单，卡波姆和三乙醇胺反应增稠，得到了凝胶质地，互生叶白千层叶油和乙醇抑菌，聚山梨醇酯 -60 是乳化剂。如果没有 IPM，这个产品最多也就是做生意而已，可是加了 IPM 之后，就不是做生意，而是骗钱财了。所以痘痘肌对于这类产品，一定要敬而远之。

再说棕榈酸异丙酯，它可以增加产品的铺展性，使产品易推开、易涂抹。此外它和水的亲和性比较好，所以在很多水润的产品里面经常用到，而且排名都比较靠前。例如，某保湿乳霜（排名第三，仅次于水和甘油）、某眼部及唇部卸妆液（排名第四）、某男士润肤霜（排名第六）、某柔肤水（排名第六）。

关于这两种异丙酯会引起粉刺的说法很早就有了。20 世纪 60 年代研究人员用兔子做测试，得到一些相互矛盾的实验结果。至于用在人体上会不会导致出现粉刺，目前尚未有确切的证据。但是从很多人的反馈来看，这两种异丙酯引起粉刺的可能性是客观存在的，痘痘肌和油性皮肤对于这两个成分要高度警惕。

那么，干皮能不能用含有这两种异丙酯的产品呢？按道理来说，干皮出现闭口、痘痘的可能性不大，所以是可以用的。例如某精华液就含有肉豆蔻酸异丙酯，含量还不低，排名第四，干皮用一用也未尝不可。

不过它们（特别是肉豆蔻酸异丙酯）可能会使皮肤变得粗糙蜡黄，所以干皮对于这类成分最好还要有所警惕，如果觉得不对劲，应立即停用。

除了肉豆蔻酸异丙酯和棕榈酸异丙酯之外，还有一个奇葩的异丙酯，叫作尼泊金异丙酯。这是一种尼泊金防腐剂。它有好多兄弟，例如尼泊金甲酯、尼泊金乙酯、尼泊金丙酯、尼泊金丁酯。这些兄弟们都活得好好的，它却被欧盟禁止使用在化妆品中。

总结：肉豆蔻酸异丙酯和棕榈酸异丙酯是很常用的润肤剂，能降低油腻感，帮助渗透吸收，但有致痘的风险。

5.22 烷烯大不同之角鲨烯

烷烃和烯烃是结构最简单的有机化合物，名字以“烷”或“烯”结尾的原料大部分都是油性原料，最值得介绍的是角鲨烯和角鲨烷。

角鲨烯是一种烯烃，分子结构中有 3 个不饱和双键，最早从鲨鱼体内提取，因为环保等原因，现在已经转成从植物油（例如橄榄油）中提取。

此外，角鲨烯也存在于人体皮肤分泌的皮脂中，可以通过测量角鲨烯含量来间接反映皮脂的多少。痤疮患者皮脂中角鲨烯含量显著高于正常皮肤[1]，而黄褐斑患者的皮脂中角鲨烯含量则远远低于正常皮肤[2]。

角鲨烯既然是皮肤本身就有的产物，能不能用于护肤呢？当然是可以的，外用角鲨烯可以对抗紫外线，降低蛋白质的氧化损伤，保护皮肤，具有一定的预防衰老作用。

凡是角鲨烯含量高的动物，例如深海鲨鱼或者高原牦牛，都是生活在比较恶劣的环境中，有人猜测角鲨烯因为容易被氧化，能够消除自由基，所以能在恶劣的自然条件下延缓机体衰老。

但是凡事都有两面性，外用角鲨烯会导致炎症反应，甚至可能诱导痤疮发生[3]。研究发现角鲨烯经长波紫外线（UVA）照射 5 小时和 24 小时后，白细胞介素 1（IL-1α）的表达急剧上升。白细胞介素 1 具有很强烈的促炎作用，而炎症又是痘痘爆发的环节中非常重要的因素。

橄榄油富含油酸和角鲨烯，油酸已经证明会导致产生痘痘，角鲨烯有没有可能起到推波助澜的作用呢？目前不确定，所以容易长痘的肤质最好还是别用含有角鲨烯的产品。

总结：角鲨烯是人体皮脂的成分之一，可以预防皮肤衰老，也会导致炎症和痘痘，所以最好还是用于不容易长痘的肤质。

参考文献

[1] 程丽雪，李雅琴，纪超，等．高效液相色谱法测定痤疮患者皮脂中亚油酸和角鲨烯的含量 [J]. 中国美容医学 ,2016,25(12):44-48.

[2] 程丽雪，张华，于虹敏，等．反相高效液相色谱法测定黄褐斑皮肤表面角鲨烯和亚油酸含量 [J]. 中国美容医学 ,2016,25(10):73-76.

[3] OTTAVIANI M, ALESTAS T, FLORI E, et al. Peroxidated squalene induces the production of inflammatory mediators in HaCaT keratinocytes: a possible role in acne vulgaris[J]. Journal of Investigative Dermatology, 2006, 126(11):2430-2437.

5.23 烷烯大不同之角鲨烷

角鲨烯有一个兄弟叫作角鲨烷，同样存在于鲨鱼体内，现在角鲨烷的生产过程是先从植物油中提取角鲨烯，然后加氢制得角鲨烷。由于加氢消除了不饱和键，所以角鲨烷的化学稳定性比角鲨烯要高。

角鲨烷是良好的润肤剂，渗透力极佳，有助于恢复皮肤的柔嫩触感，常用于高档的乳霜，可以作为高品质产品的判断方法，如果在成分表中排名比较靠前的话，这样的产品肯定不会差。

例如在某舒缓修护乳（排名第三）、某金致胶囊精华液（排名第三）、某舒缓特护面霜（排名第四）、某高保湿面霜（排名第四）、某臻美亮白精华液（排名第四）、某保湿滋养乳霜（排名第五）这些知名的产品中都能找到角鲨烷的身影，而且排名还比较靠前。

还有一个成分叫作异壬酸异壬酯（俗称蚕丝油），也有类似的判断标准作用。

含有角鲨烷的产品大多数是乳或者霜，但是也有剑走偏锋的纯角鲨烷的产品。出于安全考虑，建议这类纯油的产品要么是局部使用，要么是混在乳霜中使用，而且用量不要太大。

总结：角鲨烷是良好的润肤剂，渗透力极佳，有助于恢复皮肤的柔嫩触感，常用于高档的乳霜。

5.24 PEG 召唤仪式感

一般来说，名称以“油”“脂”“酯”“蜡”“烷”“烯”字样结尾的往往是油性原料，不过有两个例外：一个是甘油，另一个是名字中含有 PEG 字样的原料。

所谓 PEG 化合物，简单理解就是和环氧乙烷发生加成反应，结果就是产物从疏水变成亲水，PEG 后面的数字越大，表示加上去的环氧乙烷越多，产物的亲水性就越强（但是潜在的刺激性可能就越高）。

例如，氢化蓖麻油原本不溶于水，1 份氢化蓖麻油和 40 份环氧乙烷发生反应，得到的产物叫作 PEG-40 氢化蓖麻油，可溶于水。

PEG 化合物最主要的用途是作增溶剂，增加物质在水中的溶解度，很多原料（例如香精）不溶于水，在化妆水中会分层，影响产品外观，这时候就可以用 PEG 化合物来增溶。

PEG 化合物的另一个作用是改善化妆水的肤感。以前的化妆水只能添加甘油、透明质酸之类的水溶性小分子成分，用起来给人“清汤寡水”的感觉，缺乏仪式感，好像和瓶装水差不多，有时候不免让人嘀咕：这化妆水到底有没有用？花那么多“银子”值不值得？

怎样让化妆水用起来不那么清淡？这就轮到 PEG 化合物大显身手了。它由油性化合物制得，保留了油的滋润肤感，感觉油润，可以给化妆水增加仪式感，改善“清汤寡水”的肤感。

从配方师的角度来说，增溶更重要；从消费者体验感的角度来说，仪式感可能更重要。

最常用的增溶剂是 PEG-40 氢化蓖麻油和 PEG-60 氢化蓖麻油，用量一般为 0.5% 左右，所以它们可以用作判断其他成分含量高低的参考。

PEG-40 氢化蓖麻油容易产生泡沫，所以化妆水摇晃的时候如果产生大量泡沫，并且持续时间很久，既不能说明里面含有酒精，也不能说明里面含有丰富的营养成分。

其他常用的增溶剂还有脂肪醇聚醚，例如油醇聚醚 -20，它特别适合在透明的水溶性凝胶中加溶香精。

总结：PEG 化合物可以增溶，增加化妆水的仪式感，常用的是 PEG-40 氢化蓖麻油和 PEG-60 氢化蓖麻油，一般用量为 0.5% 左右。

5.25 “武侠”的保湿成分

保湿力最强的成分是矿油（液体石蜡）和矿脂，好比是倚天剑和屠龙刀，它们的优越性能在低温、低湿、大风的严酷环境中尤其明显。

保湿力比较强的成分是半固态的乳木果油（牛油果树果脂）和羊毛脂[1]，半固态油脂好比是段誉，有时灵有时不灵。乳木果油和羊毛脂就像是段誉的凌波微步和六脉神剑，靠着这个本事，只要不遇到扫地僧这样的，基本上可以在江湖横着走了。

接下来的是名字以“油”“脂”“酯”“蜡”“烷”“烯”结尾的油性原料，相当于江南七怪、全真七子之类的角色。虽然不是顶尖的存在，不过种类多，保湿性能也还不错。

最弱的是水溶性保湿成分，包括甘油、丙二醇、丁二醇、山梨糖醇、双丙甘醇、乳酸、乳酸钠、吡咯烷酮羧酸钠、尿素、尿囊素、海藻糖、透明质酸、聚乙二醇、氨基酸、各类水解产物、各类植物提取物等。

这些成分好比是路人甲或宋兵乙，和你我一样都是芸芸众生，喜怒哀乐都差不多。它们与皮肤的亲和性好，夏季用着舒服，遇到低温、低湿、大风的严酷环境就扛不住了。

总结：矿油、矿脂的保湿力最强，水溶性成分的保湿力最弱，普通的油、脂、酯、蜡成分位于中间。

参考文献

[1] 王北明，祝菁菁，龚俊瑞．常用油脂对化妆品保湿效果的影响研究 [J]. 香料香精化妆品 ,2017(4):28-32,38.

5.26 此路是我开，此树是我栽

所谓保湿，简单地说就是用各种方法开源（补充水分）和节流（减少流失），让皮肤保持湿润。补充水分容易理解，但是水分是怎样从皮肤流失的呢？如何才能减少水分的流失呢？

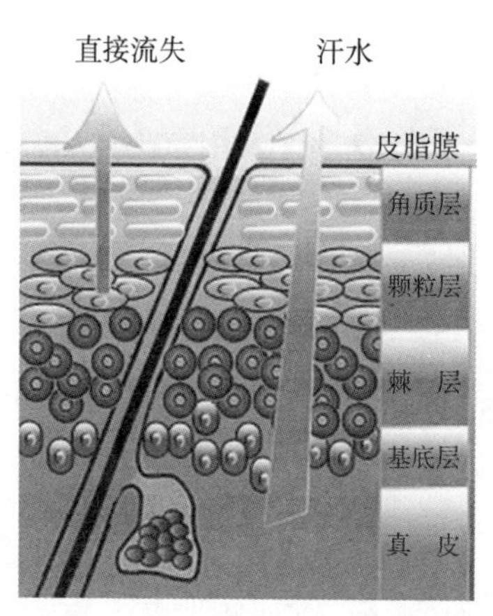

图 5.3 皮肤失水的两种途径

皮肤失水有两种途径：最常见的途径是出汗。汗液平时分泌比较少，不一定能感觉出来；温度升高（例如夏季）或者剧烈运动的时候汗液增加，形成肉眼可见的汗滴。另外，水分还可以通过表皮直接流失，具体机制还不清楚（图 5.3）。

皮肤由内而外分成 3 层，分别是皮下组织、真皮和表皮，这 3 层结构在皮肤的保湿机制中都有作用。

皮下组织有汗腺，负责出汗。

真皮层有透明质酸和其他黏多糖，当水分通过的时候会被拦截下来。

表皮（图 3.1）是减少水分流失的关键，最外的角质层不但可以防止水分散失，还有很强的吸水能力，能从外界环境中获得一定的水分，如果角质层的结构被破坏（例如细胞间脂质减少），水分的流失就会加剧。

最后一个障碍是皮脂膜，这是皮脂与水分混合形成的油膜，它在皮肤表面起到覆盖阻挡的作用，就像过桥米线上面那层油一样，可以减少水分的流失，所以健康的油性皮肤不像干性皮肤那么缺水。

保湿就是用各种方法开源（补充水分）和节流（减少流失），让皮肤保持湿润。补水很简单，自来水都可以做到，但是从外界补的水都不持久，因为它和角质层的结合并不牢固，很快就会散失到空气中。

所以不难理解，保湿的重点应该是做好节流，锁住水分减少流失。

由上面的分析可知，水分透过皮肤流失的时候要面对真皮、表皮和皮脂膜的阻拦。如果我们能利用各种方法强化表皮（尤其是角质层）和皮脂膜的阻拦作用，减少水分流失，就足以让皮肤保持湿润。

5.27　保湿小结：润不能不足

选择保湿产品首先要考虑肤质，对于干皮来说，保湿是刚性需求，必须用足用够。平时要多运动（特别是跑步和游泳），激发汗腺的分泌和皮脂腺的排泄；还可以适当补充维生素、坚果、鱼油等食物。

除了肤质外，还要考虑温度的影响，温度越高，皮脂腺和汗腺越活跃。夏季脸上多油多汗，保湿不是很迫切；冬季则相反。温度和季节有关，表 5.1 列举了不同肤质和季节使用的保湿产品的力度，★表示 1 星，☆表示半星，星号越多，力度越强。

表 5.1　不同肤质和季节使用的保湿产品的力度

皮肤性质	夏季	春季、秋季	冬季
油性	☆或★	★☆或★★	★★★
干性	★	★★或★★☆	★★★★

注：☆自来水；

★无油配方的化妆水、凝胶；

★☆轻油配方的化妆水、凝胶（含有聚醚或者 PEG 化合物）；

★★普通乳液、精华；

★★☆普通面霜；

★★★含有牛油果树果脂或者羊毛脂等成分的乳霜；

★★★★含有矿油、矿脂的乳霜。

油皮和干皮对于保湿的需求弹性是不一样的。健康的油性皮肤保湿比较简单，不用搞得那么复杂。夏季一捧自来水就足够了；在春季和秋季可用轻油配方的化妆水或质地清爽的乳液；冬季在北方低温、低湿、大风的严酷环境下就要用滋润厚重的乳霜。

干性皮肤夏季与油性皮肤类似，一瓶普通的化妆水就足够了。春季和秋季用的产品的滋润度要比油皮高半颗星，冬季要高 1 颗星，至少要用含有牛油果树果脂、羊毛脂的滋润厚重的乳霜，在北方低温、低湿、大风的严酷环境下甚至要用到矿油、矿脂。

除了看成分之外，还可以看产品的流动性和名称，一般来说，明确强调是滋润厚重油腻的产品，保湿力度往往是比较好的。

上面讲的普遍原则要根据具体情况来灵活调整。例如，肤质会随季节变化而变化，夏季是油性肤质，冬季变成中性甚至干性肤质是完全有可能的。即使是同一天，黑龙江与海南的温度也可能会相差非常大。所以普遍的原则要在具体的情况下灵活调整，不要机械地、教条地照搬。

5.28 跟着感觉走，舒服即可

选择保湿产品既要考虑肤质和季节的影响，又要根据具体情况灵活调整。那么应该怎样调整呢？

答案很简单：实践是检验真理的唯一标准；感觉舒服就没问题，不舒服就要调整。

常见的不舒服有两种：一种是保湿过度，另一种是保湿不足。

觉得油腻是最典型的保湿过度现象，例如夏季用含有矿油的产品或者水、乳、霜全套使用，都会觉得油腻，特别是在广东、海南、台湾这种高温高湿的地方。

有人说一年四季都要水、乳、霜全套用起。但护肤品不是用得越多越好，而是适当最好。

经常看到有人问：为什么我用了全套补水产品还是脱皮？答案多半是因为那些补水产品“好吸收，清爽不油腻”。厂家为了满足年轻顾客的需求以及为了多卖产品，将配方设计得比较清爽。夏季用没问题，冬季就不行了。

在严酷的环境下，尤其是在北方冬季的时候，这样的清爽配方是不够的，必须依靠滋润的乳霜加强保湿。

除了季节之外，也要考虑年龄。肤质会随着年龄增长而变化，18 岁左右雄性激素处于人生中最旺盛的阶段，皮脂腺在雄性激素的支配下也最活跃。随着年龄的增长，皮脂腺的分泌会逐渐下降，此时皮肤就可能从油性变成其他类型。

所以在选择产品的时候，不能教条地照搬或者轻易被别人忽悠，一定要根据自己的实际情况（肤质、季节、年龄）来灵活调整（图 5.4）。

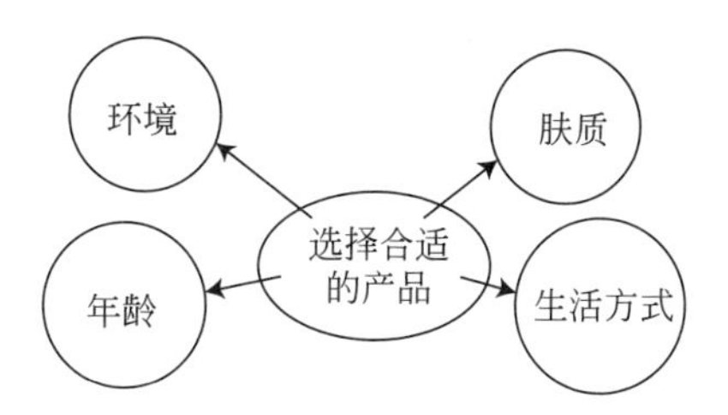

图 5.4　选择合适产品的依据

总结：保湿产品用着舒服即可。如果感觉油腻或者紧绷，都需要调整产品的种类和用量。

6

防　晒

6.1 防晒防什么？

阳光照射会导致皮肤光老化，这是皮肤衰老最重要的外因。《新英格兰医学杂志》曾经发表过一张芝加哥卡车司机威廉·迈克埃里格特（William McElligott）的照片[1]，此人有 28 年开车送货的工作经历，面部左边的皮肤由于长期受到阳光照射，皱纹又多又深，比右边皮肤要衰老许多。

阳光中的紫外线不但会导致皮肤晒黑、晒红、晒伤，加速皮肤衰老，还会诱发皮肤癌和其他皮肤问题，所以做好防晒对美容和健康都有重要意义。

防晒的目的是减少紫外线对皮肤的不利影响，可以说：成年人只要做好防晒工作，哪怕其他什么护肤步骤都不做，看上去都能比同龄人年轻 3~5 岁。

紫外线的波长范围是 200~400nm，其分为 UVA、UVB 和 UVC 3 种，它们都会对皮肤造成伤害，但具体的表现不同（图 6.1）。

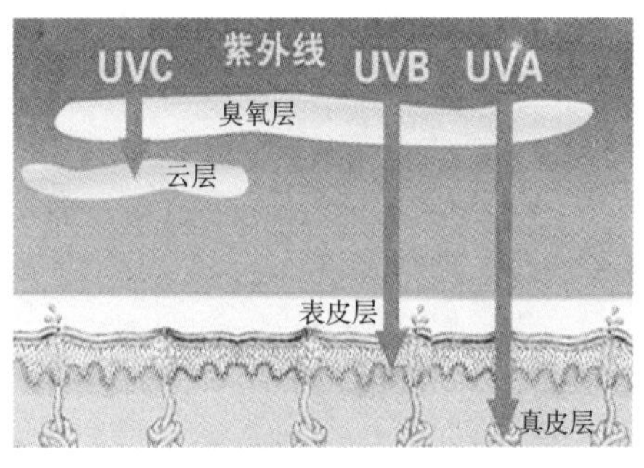

图 6.1　紫外线对皮肤的伤害

UVA（ultraviolet A）是长波紫外线，波长范围 320~400nm，又称晒黑段紫外线，穿透力很强，能深入到基底层，加快黑色素的生成。还能到真皮层，使胶原纤维断裂，失去弹性。

UVB（ultraviolet B）是中波紫外线，波长范围 280~320nm，又称晒红段紫外线，主要引起红斑和晒伤。

UVC（ultraviolet C）是短波紫外线，波长范围 200~280nm，又称杀菌段紫外线，伤害性最强，但一般都会被臭氧层吸收，不会产生明显危害。

紫外线的作用非常复杂，例如 UVB 诱导的炎症反应也可以刺激黑素细胞合成黑素体，所以可以说 UVB 主要起到晒红、晒伤的作用，不能说 UVB 只有晒红没有晒黑作用。

还有人认为 UVB 的波长范围不是 280~320nm 而是 290~320nm，这些看法正好体现了紫外线作用的复杂性。某个紫外线波段只有某种生物效应，到了另一个波段之后，立刻转换成另外一种生物效应，这种非黑即白、泾渭分明的理想情况是不存在的。

比紫外线更长的波段是可见光，它没有精确的范围，一般认为在

400～760nm，但也有人认为是在 380～780nm。波长最短的可见光是紫光，和 UVA 有重叠；波长最长的可见光是红光，和红外线有重叠。

同样道理，UVA 的作用不可能到了 400nm 这个紫外线和可见光的分界点就奇迹般地戛然而止，所以紫光对皮肤也是有一些负面的影响，我们特别需要做好 UVA 的广谱防晒，要延伸并覆盖一部分紫光的范围。

除了紫外线和可见光之外，太阳光还包括红外线。它的波长比可见光更长，对皮肤的影响主要是热效应（例如红外线理疗），以及诱导自由基、炎症因子的生成。

不过对于红外线不需要过分担心，反正现有的红外线防护手段很有限，能不能防住红外线还是未知数，号称可以防红外线的产品与普通的抗氧化、消除自由基的产品没有实质区别。

最需要防红外线的地方是热带高温的地区，而我国领土大部分位于温带，所以“防红外”之类的营销听一听就好，不用焦虑。

总结：阳光照射导致的光老化是老化最重要的外因，防晒关键是要减少紫外线对皮肤的影响。做好防晒工作，对美容和健康都有重要意义。

参考文献

[1] GORDON J R S, BRIEVA J C. Unilateral dermatoheliosis[J]. New England Journal of Medicine, 2012, 366(16):e25.

6.2 SPF 与防晒之特

防晒产品在各国都受到特殊对待，例如在美国属于非处方药品（over-the-counter, OTC），在中国属于特殊用途化妆品（从 2021 年开始改为特殊化妆品），那么它特殊在哪里呢?

（1）许可管理：防晒产品需要获得监管部门的批准文号（相当于产品的身份证）方可销售。而保湿、清洁之类的普通化妆品只要备案就可以销售了，无须批准。

（2）成分管理：现行的《化妆品安全技术规范》（2015 年版）列明了 27 种准用防晒剂，防晒产品的核心成分只能在这些准用防晒剂中选择，并且要遵循最大允许浓度、必须标引的使用条件和注意事项等强制性规定。

（3）宣称管理：监管法规对于化妆品所宣称的功能是很宽松的，只要不越过红线就行了，所以化妆品的广告有很多艺术性的夸大和修辞，但是防晒产品必须按相关规定测试后才能标 SPF 和 PA 等防晒指数，这是防晒产品独一无二的“待遇”。

SPF 和 PA 是我们在选购防晒产品时重点关注的指标，它们到底是什么意思？又是怎么测得的呢?

SPF 是针对防晒产品防 UVB（晒红）所设计的标准，测量方法大概是这样的：找两群志愿者，裸露背部趴在床上，一群志愿者按标准（$2mg/cm^2$）在背部涂抹防晒产品，另一群什么都不涂抹，用同样强度的紫外灯照射背部，看看多大剂量或者多长时间会晒出红斑。第一群志愿者耗时 300 分钟才出现红斑，第二群志愿者耗时 20 分钟就出现红斑，那么两个数值的比值（300/20=15）就是产品的 SPF。

PFA① 是针对防晒产品防 UVA（晒黑）所设计的标准，测量方法与 SPF 类似，只是将产生红斑的时间改为 PA 产生黑化的时间。为了不混淆两个数值，PFA 要按照下式换算成 PA，用 + 表示：

PFA 值 2～3 | PA+

PFA 值 4～7 | PA++

PFA 值大于 7 | PA+++

需要注意的是，由于各国法规不同，有些防晒产品（特别是欧洲的产品）不标 PA 或 UVA 防护指数，这并不意味着产品没有防 UVA 的能力，关键还是要看成分以及配方的整体搭配。

总结：SPF 和 PFA（PA）分别是防晒产品针对防 UVB 和 UVA 所设计的标准，必须按相关规定测试后才能标注，这是防晒产品最特殊的地方。

6.3 SPF 乘以 15 分钟?

经常看到有人说：防晒指数 1 倍就代表 15 分钟的防晒时间，20 倍就是 300 分钟的（15 分钟 ×20），也就是可以在户外活动 5 小时而不会晒伤。

真的是这样吗?

错!

这种说法不符合事实，没有逻辑，而且有很大的误导作用。

在不同季节、不同纬度、不同时段，紫外线的强度都不一样，如果上面这种

① PFA：protection factor of UVA，UVA 防护指标。

说法是对的，那就意味着 SPF 20 的防晒乳霜，在夏季的拉萨和冬季的哈尔滨都能防 300 分钟不晒红，这怎么可能呢？

有人会辩解说：15 分钟只是平均数值，不同环境下要灵活调整，具体情况具体分析。这样的解释貌似合理，但没有任何意义。比如，一个企业家身家 100 亿美元，我是个穷光蛋，企业家和我平均起来每个人也有 50 亿美元，这样的平均对我有意义吗？

最重要的是，这种说法有很大的误导作用，让人以为涂抹了高 SPF 的防晒乳霜就可以在烈日下自由活动，实际上这是不准确的。世界卫生组织给出的建议是[1]：

Applying sunscreen is not a means to prolong your stay in the sun but to reduce the health risk of your exposure.（使用防晒产品不是一种可以延长在烈日下停留时间的方法，而是一种可以减缓紫外线对皮肤损伤的方法。）

怎么理解这段话呢？

以雨天打伞为例，假设从住所到上班的地方要走 15 分钟，下大雨的时候走完这 15 分钟刚好全身淋湿了。我买一把防雨倍数（这个概念参考防晒倍数来理解就好了）是 20 倍的雨伞，是不是说我在雨中就可以漫步 300 分钟？

当然不是！

假如真的在雨中打伞漫步 300 分钟，那么最后的结果就和不打伞的 15 分钟一样：全身淋湿，这并不是我们想要的。

之所以打伞，是要尽量降低室外活动的这 15 分钟时间内雨的影响，将被雨淋湿的程度减少到不打伞的 1/20，例如只淋湿一点裤脚。

同理，用 SPF 20 的防晒产品，目的不是把烈日下的停留时间延长 20 倍，而是将紫外线的伤害降低到不打伞的 1/20，仅此而已。

总结："SPF 乘以 15 分钟"的说法是完全错误的，涂抹防晒产品的目的是为了降低被紫外线伤害的程度，而不是为了延长在阳光下的停留时间。

参考文献

[1] Global Solar UV Index, A Practical Guide[EB/OL].[2020-08-30]. https://www.who.int/uv/publications/en/UVIGuide.pdf.

6.4 听，UVI 的声音

紫外线指数（ultraviolet irradiation index，UVI）是衡量某个地方正午前后到达地面的太阳光中，紫外辐射对人体可能造成损害的指标。其计算方法是在中午（11:30—12:30）太阳光最强的一小时中，测量 400nm 以下不同波长的紫外线辐射强度，经过标准红斑作用光谱加权并换算成红斑有效辐照度后，除以 $25mW/m^2$。

紫外线指数通常用 0～15 表示，分为 5 个等级（图 6.2）。

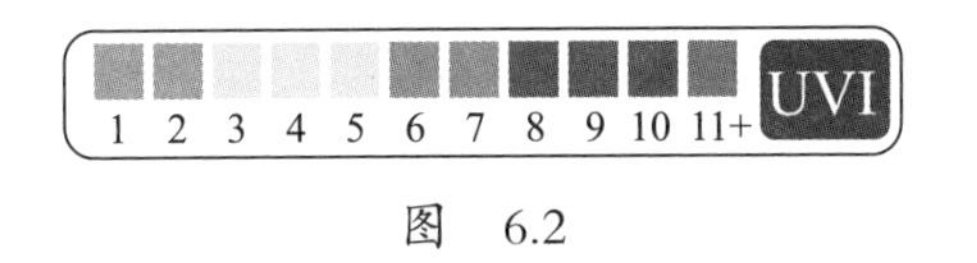

图 6.2

强度值的含义为：1～2 是低风险，3～5 是中等风险，6～7 是高风险，8～10 是极高风险，10 以上是极端风险。不同等级对应的防护措施不一样（表 6.1）。

表 6.1 不同等级对应的防护措施

UVI	防护措施
1～2	不需要采取防护措施
3～5	可适当采取一些防护措施，如涂防晒乳霜
6～7	外出时戴太阳帽，涂 SPF15+ 的防晒乳霜
8～10	外出时戴太阳帽，涂 SPF15+ 的防晒乳霜。另外，每天 10～16 时应尽量避免在阳光下活动
10 以上	尽可能不在室外活动，必须外出时要采取有效的防护措施，涂 SPF30+ 的防晒乳霜

随着智能手机的普及，查阅实时的紫外线指数已经越来越方便了，那么能不能根据紫外线指数推算出所需要防晒产品 SPF 呢？这方面的内容不多，以下是作者根据网上的公开资料[1-2]收集整理而得的推导。

根据《化妆品安全技术规范》（2015 年版）的规定，SPF 的定义为使用防晒化妆品防护皮肤的最小红斑量与未防护皮肤的最小红斑量之比。最小红斑量是引起皮肤出现红斑所需要的紫外线照射最低剂量，单位为 J/㎡。强度相同的时候，剂量和时间成正比，所以剂量的单位也可以是 s。

参考 SPF 的定义，规定

$$SPF=\frac{MED_1}{MED_2} \tag{6-1}$$

式中：MED_1——涂抹防晒产品的皮肤白天接受太阳照射的紫外线剂量；

MED_2——未涂抹防晒产品的皮肤白天接受太阳照射的紫外线剂量。

为了便于计算和讨论，以下将引入若干假设，这些假设的目的都是为了让式（6-1）中的分子尽可能大，让分母尽可能小，从而得到一个尽可能大的 SPF。

假设 1：黄种人的皮肤接受太阳照射的最小红斑量是 300J/m^2。

根据德国 DIN5050 标准，典型的白种人（Fitzpatrick Ⅱ型皮肤）的最小红斑量是 250 J/m^2 [2]。和白种人比起来，黄种人的皮肤更不容易晒红，最小红斑量数值更大。由于没有找到黄种人的数值，所以就取欧洲人Ⅱ型和Ⅲ型皮肤的最小红斑量的平均值作为计算依据 [3]。

下面推导紫外线指数和皮肤白天接受太阳照射的紫外线剂量的关系。根据世界气象组织及世界卫生组织的规定，一紫外线指数单位对应的照射强度为 25mW/m^2 [4]，即

$$照射强度 = 紫外线指数 \times 25\mathrm{mW/m^2} \quad (6-2)$$

一天不同时段的紫外线指数是不同的，紫外线指数是中午太阳光最强的一个小时中的量度，其他时间段的紫外线强度显然要低一些。为了便于计算，假设白天其他时间段的紫外线强度和中午相同。

假设 2：紫外线指数在一天中保持不变。

因为 $$剂量 = 强度 \times 照射时间$$

所以 $$剂量 = 紫外线指数 \times 25\mathrm{mW/m^2} \times 照射时间 \quad (6-3)$$

假设 3：白天接受太阳照射的时间为 10 小时（36 000 秒）。

消费者不可能一直都接受阳光的照射，由于人经常处于运动状态，阳光的照射是断断续续的。将照射时间假设为 10 小时，一方面是让分子尽可能大，另一方面是便于换算。

所以
$$\begin{aligned}剂量 &= 紫外线指数 \times 25\mathrm{mW/m^2} \times 36\,000\mathrm{s}\\ &= 紫外线指数 \times 25\mathrm{W/m^2} \times 36\mathrm{s}\\ &= 紫外线指数 \times 900\mathrm{J/m^2} \quad (6-4)\end{aligned}$$

将假设 1 和式（6-4）代入式（6-1）得

$$\begin{aligned}SPF &= \frac{紫外线指数 \times 900\mathrm{J/m^2}}{300\mathrm{J/m^2}}\\ &= 紫外线指数 \times 3\end{aligned}$$

假设每天照射太阳的时间不是10小时而是8小时，在计算SPF时应乘以0.8；假如照射时间是12小时，在SPF计算时则应乘以1.2，依此类推。即照射时间为X小时，则

$$\text{SPF}=\text{紫外线指数}\times 0.3\times X \tag{6-5}$$

这就是根据紫外线指数推算防晒产品所需SPF的理论公式，在实际应用中由于要考虑其他很多因素，所以防晒产品的SPF比计算得到的数值要高很多。

参考文献

[1] 明宇 . 防晒最简单公式：如何根据紫外线指数选择防晒品 [EB/OL].[2020-09-30]. http://blog.sina.com.cn/s/blog_53782d21010005g7.html.

[2] 姜宜凡 . 防晒化妆品 SPF 标识上限值设定为 50+ 的国际法规趋势分析 [J]. 香料香精化妆品 , 2009(6):41-43.

[3] 王炳忠 . 紫外线的作用光谱及其测量 [J]. 太阳能 , 2004(1):10-11.

[4] 王炳忠 . 紫外线指数及其预报 [J]. 太阳能 , 2004(3):15-16.

6.5 用量和SPF同样重要

假设紫外线指数是5，在室外的活动时间为2小时，根据之前推导的计算公式，所需防晒产品的SPF是$5\times 0.3\times 2=3$。

所需的SPF数值之低，远远超出我们的认知，毕竟平时接触的防晒倍数动辄30起步，甚至高达50以上。反差如此之大，问题在哪里呢?

原因在于防晒产品标注的SPF是在实验室里面通过模拟日晒测出来的，在实际应用中由于涉及很多因素，产品的真实SPF会比标注的SPF低很多。

影响SPF的首要因素是产品用量，根据规定，测试SPF时防晒产品的用量是2.0mg/cm^2（这个数据可以用于判断导购是否专业，如果能答出来，导购的专业素质一般不会差）。

实际使用时很难达到这个用量，据统计，防晒产品的平均用量为0.5～1.0 mg/cm^2，所以实际的SPF会急剧降低，导致不少人用了防晒产品仍然被晒伤[1-2]。

降低多少呢？不同的研究有不同的结论。有人认为按指数关系下降，如SPF50的防晒产品实际用量为理论用量的1/2时，实际SPF为理论SPF的1/2次方，大约是7.1。

也有人认为按倍数关系下降，还有人认为 SPF 在 2.0～1.5mg/cm^2 内下降幅度最大，随着用量进一步降低，SPF 呈线性下降而非指数下降。

上面各种结论体现了防晒产品的复杂性，不管怎么说，用量下降会导致 SPF 下降，这是毫无疑问的。再加上出汗、遇水、摩擦等因素的影响，SPF 下降就更厉害了。所以，考虑到用量和流失的问题，在可接受的条件下 SPF 越高越好。

防晒产品为什么会用量不足？最常见的原因是产品的质地油腻，肤感厚重，导致消费者不愿涂抹。想要获得满意的 UVB 防护效果，要么用足量防晒产品，代价是要忍受厚重的肤感；要么选择 SPF 高的产品。但是一味地拉高 SPF，需要加入大量的防晒剂、油脂和成膜剂，会造成安全隐患，加重皮肤的负担。比较稳妥的办法是双管齐下：优先选择清爽舒服的防晒产品保证用量，然后选择 SPF 适当高的产品。个人建议是：

长时间待在室内时，SPF 应为 10～20；

长时间待在室外时，SPF 应为 20～30；

去高原、雪山、海边旅游时，SPF 应大于 30。

总结：防晒产品的用量和 SPF 同样重要，优先选择清爽舒服的防晒产品保证用量，然后选择 SPF 适当高的产品。

参考文献

[1] 李福民，朱世幸，廖金凤，等. 防晒类化妆品的日光防晒系数和长波紫外线防护指数与使用浓度及时间的相关性研究 [J]. 实用医院临床杂志，2016, 13(6):39-41.

[2] 李蕾. 亚洲人防晒霜用量与 SPF 值 [J]. 抗癌之窗，2015, 1(3):79.

6.6 你的面子有多大？

一瓶防晒乳霜能用多久？防晒产品的消耗速度和效果直接相关，要达到满意的防晒效果，用量一定要足够多，消耗速度一定要足够快。测试 SPF 时的用量标准是 2.0mg/cm^2，乘以面部面积就是防晒产品的用量。

那么，中国人的脸有多大呢？

这个问题不好一概而论，因为既有 V 脸小公主，也有大饼脸汉子。不过可以通过测量面膜布的大小大致推算人的面部面积。面膜布形状近似于椭圆形，通过椭圆的面积计算公式可以计算得到面膜布的面积大概是 360cm^2。

这个数据其实很粗糙，只能勉强拿来参考，因为面膜布并不是标准的椭圆形，而且还要减去眼睛、鼻子和嘴巴等部位的面积。

将数据代入前面的计算公式，可以得到

$$2.0\text{mg/cm}^2 \times 360\text{cm}^2 \approx 720\text{mg}=0.72\text{g}$$

防晒乳霜的密度大概是 1.0g/cm^3，一瓶 50mL 的防晒乳霜质量大概也是 50g，在脸上能用 50g/0.72g ≈ 70（天），也就是两个半月左右。如果脖子也用，要再增加 1/3，也就是增加 0.24g。手脚和身体其他部位的用量就更大了，因为防晒乳霜要像图 6.3 这样涂很宽的一条。

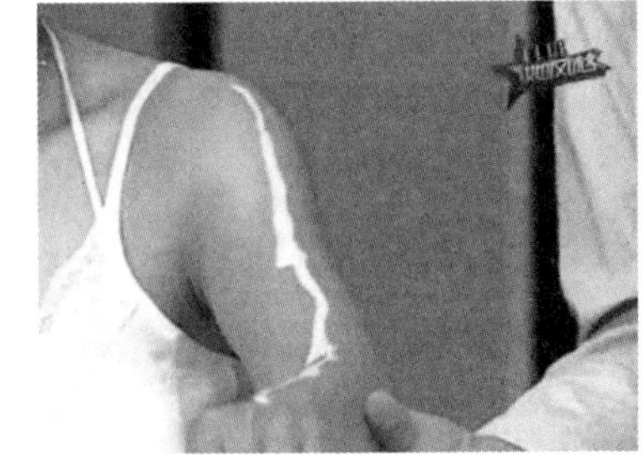

图 6.3　涂抹防晒霜

至于防晒喷雾，它的质地与防晒乳霜差别比较大，不能简单地推算。

其实无论是防晒，还是美白，有效果的前提是用量一定要够。与其咬牙去买昂贵的品牌，然后每次用几滴，还不如选择一款性价比高的产品，用足量，见效的可能性会更大，这也是理性消费的应有之义。

总结：要达到满意的防晒效果，防晒产品用量一定要足够多，消耗速度一定要足够快。一瓶 50mL 或 50g 的防晒乳霜 70 天左右要用完。

6.7　硬币规则

防晒产品的用量可以通过计算来确定，不过消费者在使用的时候还是会有疑惑：0.72g 到底该取多少呢？有没有简单直观的办法可以帮助我们判断？

答案是：有的，可以参考硬币规则。

硬币规则是说：用在面部的防晒产品取一个一元硬币大小面积的用量。这条规则的来源已不可考，估计也是经验总结。

由于不同质地的防晒产品密度不同，厚重的防晒霜和轻薄的防晒乳在同样面积下质量肯定不一样。所以有人提出改进的硬币规则：厚重的防晒霜取一个硬币的面积；轻薄的防晒乳取两个硬币的面积。

硬币规则比较直观，但是受产品质地的影响，不一定准确。6.6 节讲的面积计算方法很精确，但是不直观。

两个方法可以结合起来用：先按照硬币规则取用防晒产品，用完一瓶后，算一下用了多少天，和理论上的使用天数（总用量 /0.72）对比，逐步精确调整用量。

总结：用在面部的防晒产品取 1～2 个一元硬币大小面积的用量，用完一瓶后再来调整。

6.8 PA 比 SPF 重要

现在很多消费者对 SPF 已经很了解，但是对 PA 却不了解或不关注，实际上对于普通人来说，PA 比 SPF 更重要。

首先看两者针对的对象，SPF 针对的是 UVB，是衡量防晒产品防晒红、晒伤的能力；PA 针对的是 UVA，是衡量防晒产品防晒黑、晒老化的能力。

不同肤色的人种对 UVA 和 UVB 的反应并不一样，欧美白种人容易晒红、晒伤，所以他们重点关注 SPF，这是可以理解的；黄种人既可能晒红、晒伤，又可能晒黑，所以除了 SPF 之外，也要关注 PA。

PA 的重要性还可以从技术角度来分析。现在市面上高 SPF 倍数的防晒产品随处可见，动辄 30 倍起步。然而 PA 的数据就相形见绌了，常见也就是 PA++（PFA 值 4～7 倍）和 PA+++（PFA 值 7 倍以上），和 SPF 简直不可同日而语。

由于我们现在还没有能力对 UVA 做到高倍数防护，所以要关注 SPF，更要关注 PA，通过精心挑选防 UVA 的产品，尽量避免晒黑和光老化的现象。

总结：黄种人既会晒红、晒伤，也会晒黑。要关注 SPF，更要关注 PA，尽量避免晒黑和光老化的现象。

6.9 物理化学，无机有机

防晒剂是防晒产品最核心的功能原料，也叫遮光剂或者紫外吸收剂，是添加到化妆品中，吸收、反射、散射紫外线的物质。

中国目前准用的防晒剂有 27 种，可以分为物理防晒剂和化学防晒剂，也可以分成无机防晒剂和有机防晒剂。

物理防晒剂或者无机防晒剂只有两种：二氧化钛（又称为 CI 77891）和氧化锌（又称为 CI 77947）。它们不含碳元素，所以称为无机防晒剂；由于它们化学性质很稳定，面对紫外线不会发生化学反应，所以也叫作物理防晒剂。

除了二氧化钛和氧化锌之外，剩下的都是有机防晒剂，都含有碳元素。它们能吸收、反射和散射紫外线并转化为其他形式的能量，在此过程中会发生化学反应，所以也叫作化学防晒剂。

比较重要的化学防晒剂包括甲氧基肉桂酸乙基己酯、丁基甲氧基二苯甲酰基甲烷、亚甲基双－苯并三唑基四甲基丁基酚、二乙基己基丁酰胺基三嗪酮和双－乙基己氧苯酚甲氧苯基三嗪。

很明显，这些化学防晒剂的名称都很长，读起来舌头简直要打结，别说普通消费者一脸懵，就算是资深专家也不一定能说出个子丑寅卯。

不过消费者不是配方师，不需要对原料了如指掌。我们最关心的是：哪些化学防晒剂效果最好、最安全或者最不安全。

上面列举的就是最常用、效果最好的化学防晒成分。至于剩下的其他防晒剂，混个脸熟就可以了。

那么，是物理防晒剂好还是化学防晒剂好？有说法认为物理防晒剂比化学防晒剂更安全，真的是这样吗？

简单地说，两种防晒剂各有优劣，目前市场的主流是结合在一起用，优势互补，最后达到比较好的防护效果，所以不需要纠结两种防晒剂孰优孰劣的问题。

从安全的角度来说，物理防晒剂的安全性要优于化学防晒剂，因为它不会光降解，比较稳定。所以如果对安全有非比寻常的要求，可以优先考虑纯物理防晒的配方，但是也要综合考虑防晒产品中的其他原料成分。

总结：防晒剂是防晒产品最核心的功能原料，可以分为物理防晒剂、化学防晒剂两大类。目前市场主流是将两者结合在一起使用，优势互补。

6.10 氧化锌的花样

做过纳米材料的人都知道氧化锌的大名，它有线状、片状、花状、带状等各种纳米结构，实验室的科研者光靠它就写了无数的论文。其实氧化锌在防晒领域也有很多花样，具有特殊的重要性。

下面先说氧化锌的优点。

（1）优秀的 UVA 防护性能。氧化锌的紫外吸收波段覆盖了全部 UVB 区域和大部分 UVA 区域。能和它媲美的只有亚甲基双－苯并三唑基四甲基丁基酚。可以说，如果想要稳定高效的 UVA 防护，基本上躲不开这两个成分。

（2）稳定，不会光降解，这是物理防晒剂的共同点。

（3）有抑菌的性能，配合高浓度乙醇可以减少使用甚至不用防腐剂。

（4）粉末状，可以吸油；并且锌元素对皮脂腺有收敛作用，所以氧化锌特别适合油性皮肤和痘痘肌。不过这种作用对于干性皮肤就不那么友好了，用了容易“拔干”甚至脱皮，加了乙醇会更加明显。

说完优点再说缺点：氧化锌在体系中偏碱性，对皮肤屏障结构有破坏作用。所以氧化锌颗粒要进行表面处理，把它“包”起来，改变它的表面特性。

普通消费者是看不到氧化锌的表面处理过程的，看到了也看不懂，但这个过程却是决定产品好坏的关键因素。不同的处理工艺意味着不同的花样，虽然在成分表上都标注为氧化锌或者 CI 77947。所以尽量选择知名品牌，质量和性能都有保证。

总结：氧化锌的 UVA 防护性能优异，不会光降解，可以抑菌吸油，特别适合追求稳定的 UVA 防护。

6.11　真·钛白无双

二氧化钛俗称钛白粉，它在合适的用量下可以达到自然界最佳的白度和光亮度，号称“白色之王”。

二氧化钛的性质和氧化锌类似：可以吸收紫外线，具有良好的光稳定性，但有吸油和拔干的现象，要进行表面处理。

它们不同的地方主要在于两点：首先，二氧化钛的紫外防护波段不如氧化锌那么宽，主要防 UVB；其次，二氧化钛的白度比氧化锌高，容易产生不自然的泛白，就像图 6.4 中的艺伎一样，面部和脖子的肤色反差很大，给人一种不协调的感觉。

图 6.4　艺伎

由于二氧化钛的遮瑕力很好，在 BB 霜、素颜霜等遮瑕产品中很常用。在这些产品中可以标注为二氧化钛，也可以作为着色剂标注为 CI 77891。

有的洗面奶也会添加二氧化

钛，如某洁面乳，洗脸之后给人一种“一洗就白，越洗越白”的假象，其实只是二氧化钛的遮盖作用而已，其副作用是可能会有拔干和堵塞毛孔致痘的风险，所以这样的洗面奶不建议使用。

总结：二氧化钛主要用于防护 UVB，遮瑕力很好，在遮瑕产品中也很常用。

6.12　给我一个 OMC

“给我一个支点，我就可以撬动地球”，阿基米德这句话当然有夸大的嫌疑。不过对 OMC 来说，由于它有非常好的 UVB 防护效果，可以说：给我一个 OMC，我就可以覆盖 UVB。

OMC 的全名是甲氧基肉桂酸乙基己酯，也称为 EHMC，从名字可以看出这是肉桂酸的衍生物。肉桂酸最早来源于肉桂的树皮，所以这类化合物在中国台湾又叫作桂皮酸盐。有时候我们会看到“桂皮酸盐影响激素”的说法，意思就是这类肉桂酸衍生物会干扰激素的分泌。

甲氧基肉桂酸乙基己酯在 UVB 波段有很高的吸收系数，它本身是液体的油，和油性成分相容性好，可以溶解许多固体的化学防晒剂。再加上其价格便宜，所以在防晒产品中是使用最广泛的防晒剂。

表 6.2 统计了 1996—2015 年甲氧基肉桂酸乙基己酯在防晒化妆品中的使用频率，可以看到它具有压倒性的优势，只有一次屈居第二，其余都是第一。没有拿到第一的原因是这篇文章的调查对象不是防晒类化妆品，而是所有化妆品。由于二氧化钛有很好的遮瑕效果，在彩妆中被广泛使用，所以靠这个优势拿了第一。

表 6.2　1996—2015 年甲氧基肉桂酸乙基己酯在防晒化妆品中的使用频率

文　　献	使用频率 /%	频率排名
《紫外线吸收剂在防晒化妆品中使用频度分析》	67.21	第一
《防晒类化妆品中防晒剂的使用情况》	91.30	第一
《防晒化妆品中的防晒剂使用频度分析》	86.62	第一
《化妆品中防晒剂使用情况调查》	47.08	第二
《2007—2015 年防晒类化妆品中防晒剂的使用情况变化》	63.00	第一
《化妆品中防晒剂的使用情况分析》	80.30	第一
《防晒类化妆品中防晒剂的使用及分析报告》	79.20	第一

续表

文　献	使用频率 /%	频率排名
《化妆品中防晒剂的使用情况调查》	55.86	第一
《1172 件防晒类化妆品特征分析》	85.60	第一
《防晒类化妆品中 15 种防晒剂的使用情况分析》	72.50	第一

甲氧基肉桂酸乙基己酯使用很广泛，它和尼泊金酯防腐剂很像，都是因为表现太卓越而引起关注，连罪名都是相同的：可能会影响到激素的分泌。

事实到底如何呢？在鱼类试验中确实观察到甲氧基肉桂酸乙基己酯对激素有影响，欧洲化妆品、盥洗用品和香料协会下属的化妆品和非食品产品科学委员会（Scientific Committee on Cosmetic Products and non Food Products，SCCNFP）为此做了一系列试验，结论是：甲氧基肉桂酸乙基己酯有弱雌性激素的作用，但不至于危害人体健康，在规定的使用条件下是安全的[1]。

由于有甲氧基肉桂酸乙基己酯的存在，所以开发高 SPF 的产品并不难，用它再随便搭配一点别的防 UVB 成分，很容易就能达到要求。这就提示我们在选择防晒产品的时候重点还是要放在 UVA，要关注 PA 以及相应的成分。

除了甲氧基肉桂酸乙基己酯之外，还有两个乙基己酯也经常用于防晒，分别是二甲基 PABA 乙基己酯和水杨酸乙基己酯。PABA（对氨基苯甲酸）类成分在空气中不稳定，而水杨酸类的紫外吸收率不高，所以这两个成分都只是配角。

总结：甲氧基肉桂酸乙基己酯的 UVB 防护性能优异，配伍性能卓越，安全性总体良好，价格便宜，是目前使用频率最高的防晒剂。

参考文献

[1] 赵勋国 . 世界防晒原料的发展概况 [J]. 中国洗涤用品工业 ,2008(2):65-68.

6.13　阿伏苯宗秀于林，紫外线必摧之

阿伏苯宗是 Avobenzone 的音译，正式名称是丁基甲氧基二苯甲酰基甲烷，缩写为 BMDM 或者 BMDBM，商品名叫作 Parsol 1789，这么多的繁杂名称，其实都是同一个成分。

丁基甲氧基二苯甲酰基甲烷是第一个主要针对 UVA 的商用化学防晒剂，当

时在业界引起轰动。它的吸收曲线跟太阳光的晒黑曲线几乎完美契合，357nm 左右的峰值正好就是最容易晒黑的紫外线波段（350～360nm）的所在；而且它在超过 380nm 的波段还有一定的紫外线吸收能力，这是非常难得的。

然而它的最大缺点是不稳定，见光死，在接受紫外线光照 2 小时后剩余量仅有 42%[1]。而且它和甲氧基肉桂酸乙基己酯还不一样，后者只是结构发生转换，从反式变成顺式，但仍然具有紫外线防护性能。它是先发生结构转换，从烯醇式变成酮式，然后再分解成其他产物，失去防晒作用。所以以前的防晒乳霜强调隔 2 小时要补涂一次，化学防晒剂不稳定是原因之一。

丁基甲氧基二苯甲酰基甲烷的另一个缺点是配伍性很差，很难相处，这点又和甲氧基肉桂酸乙基己酯形成明显对比。后者是老好人，就像甘草一样，和很多成分都能搭配，唯独没有办法和丁基甲氧基二苯甲酰基甲烷共处，因为它们两个遇在一起会发生环化加成反应，结果同归于尽，失去防护紫外线的能力。

原来配方师们想得很美好，觉得丁基甲氧基二苯甲酰基甲烷防 UVA，甲氧基肉桂酸乙基己酯防 UVB，把它们弄在一起，既防 UVA 也防 UVB，岂不完美。没承想，它们凑在一起还没对抗紫外线，就环化加成反应了。所以在配方中同时加入这两个成分是一种值得商榷的做法。

丁基甲氧基二苯甲酰基甲烷除了不能和甲氧基肉桂酸乙基己酯配对之外，它还挑防腐剂，不能和甲醛以及各种以“脲”字结尾的甲醛供体共用。

更可悲的是，丁基甲氧基二苯甲酰基甲烷遇到金属离子会产生有颜色的化合物，所以还要避免和二氧化钛或氧化锌共用。如果一定要共用，必须做好物理防晒剂的表面包裹处理，不让金属离子跑出来。必要的时候加入 EDTA-2 钠螯合剂，将金属离子掩蔽起来。

另外，如果它遇到首饰，可能和溶解在汗水中的金属离子反应，产生有颜色的化合物。所以有些人在夏天用了防晒乳霜后感觉项链或者戒指变色了，原因就在这里。

当然，丁基甲氧基二苯甲酰基甲烷也有相处得好的小伙伴。化学防晒剂奥克立林和 4- 甲基苄亚基樟脑都可以增加它的光稳定性，此外，水杨酸辛酯和水杨酸丁基辛酯据说也有类似的作用。

丁基甲氧基二苯甲酰基甲烷的性能让人又爱又恨，各大公司投入了无数的人力、物力去改善它的性能，取得了不小的进步。消费者该如何选择呢？

只能说见仁见智，如果不纠结它的缺点，那么就随便用；如果对它有顾虑，那还是避开吧！随着技术的进步，我们有大把更好的选择，为什么要在一棵树上吊死呢？

总结：丁基甲氧基二苯甲酰基甲烷是一个高效的 UVA 吸收剂，但是不稳定，配伍性也不好。

参考文献

[1] 薛绘，杨盼盼，毕永贤，等．常用紫外吸收剂在氙灯下的光降解及保护性研究 [J]. 日用化学品科学，2018(6):32-36.

6.14 同一防晒剂的多个名称

防晒剂名称是很让人头痛的事情，因为有中文名，有英文名，有缩写，有俗名和商品名，还有 INCI 名称（国际化妆品原料命名，但是消费者一般不会碰到）。

例如丁基甲氧基二苯甲酰基甲烷是正式的中文名称，成分表必须按照这个名称来标注。由于这个名称很长，配方工程师就缩写成 BMDM 或者 BMDBM，或者起个俗名 Avobenzone，或者用它的商品名 Parsol 1789。这些偷懒的做法都是“上不得台面”的，在成分表中是没有资格出现的。

商品名的来历比较复杂，不同公司的命名方式不一样，巴斯夫的商品名是以 Uvinul 开头，罗氏是以 Parsol 开头，汽巴精化是以 Tinosorb 开头，国际特品公司是以 Escalol 开头。

下面把比较重要的化学防晒剂（尤其是防 UVA 的成分）名称汇集以供参考。

1. 丁基甲氧基二苯甲酰基甲烷

缩写：BMDM 或者 BMDBM

俗名：Avobenzone、阿伏苯宗

商品名：Parsol 1789

INCI 名称：butyl methoxydibenzoylmeth

2. 甲氧基肉桂酸乙基己酯

缩写：EHMC

俗名：OMC、Octinoxate

商品名：Uvinul MC80、Parsol MCX、Escalol 557

INCI 名称：ethylhexyl methoxycinnamate

3. 亚甲基双－苯并三唑基四甲基丁基酚

缩写：MBBT

商品名：Tinosorb M、天来施 M

INCI 名称：methylene bis-benzotriazolyl tetramethylbutylphenol

4. 双－乙基己氧苯酚甲氧苯基三嗪

缩写：BEMT

商品名：Tinosorb S、天来施 S

INCI 名称：bis-ethylhexyloxyphenol methoxyphenyl triazine

5. 二乙氨基羟苯甲酰基苯甲酸己酯

缩写：DHHB

商品名：Uvinul A Plus

INCI 名称：diethylamino hydroxybenzoyl hexyl benzoate

同一个防晒剂有多个名称。由于 UVA 对皮肤的伤害更大，普通消费者记住上面这几个重要的防 UVA 化学防晒剂就够了。

总结：化学防晒剂的名称非常复杂，同一个防晒剂有多个名称，可以重点关注防 UVA 的成分。

6.15 从两大阵营到三国演义

UVA 会让皮肤晒黑衰老，伤害更大，所以防 UVA 的需求更加迫切。在 20 世纪 90 年代以前，防 UVA 的成分主要有两种，分别是氧化锌和丁基甲氧基二苯甲酰基甲烷。前者厚重油腻，后者见光死，总之是各种不尽如人意。

于是各大公司投入了无数的人力、物力，对这两种成分进行改善。

氧化锌的改善思路是先进行纳米化处理，颗粒从微米变成纳米，解决泛白的问题；再表面包裹处理，让它具有亲水或者疏水的特性，容易分散，解决厚重的问题。

丁基甲氧基二苯甲酰基甲烷的改善思路是配合其他成分使用，提高稳定性，例如搭配奥克立林或者水杨酸丁基辛酯。

除此之外，原料公司还致力于开发各种新的防 UVA 成分，取得了令人欣喜的进展，研究成果体现在下面这三大公司的 5 个原料上。

首先出场的是瑞士汽巴精化（现已被巴斯夫收购），它研发的亚甲基双 - 苯并三唑基四甲基丁基酚（商品名：Tinosorb M 或天来施 M）具有非常宽的防护波段，和甲氧基肉桂酸乙基己酯复配还具有“1+1 ＞ 2”的协同增效作用。

这是一个具有吸收、折射和反射紫外线三重功能的化学防晒剂，之前的主流观念是物理防晒剂反射紫外线，化学防晒剂吸收紫外线。然而亚甲基双 - 苯并三唑基四甲基丁基酚打破了这种观念，使物理防晒剂和化学防晒剂的界限变得模糊。

汽巴精化的另一个研发成果是双 - 乙基己氧苯酚甲氧苯基三嗪（商品名：Tinosorb S 或天来施 S），它的防护波段比后者略微逊色，但也是非常优秀的广谱防晒剂，还可以改善丁基甲氧基二苯甲酰基的光稳定性。

这两个成分的相对分子质量比较大，都超过 500，难被皮肤吸收，因而安全性好；它们浓度高了都有油腻发亮的缺点，类似于大颗粒的物理防晒剂。

巴斯夫的一个研究成果是二乙氨基羟苯甲酰基苯甲酸己酯（商品名：Uvinul A Plus），它是二苯甲酮衍生物，光稳定性特别好，和二氧化钛、氧化锌以及甲氧基肉桂酸乙基己酯等配伍都可以达到比较好的协同效果，不过成本略高。

与此同时，世界上最大的化妆品公司欧莱雅集团也没有闲着，他们在 1993 年研发了对苯二亚甲基二樟脑磺酸（商品名为 Mexoryl SX 或麦色滤 SX）。这是一个水溶性成分，可以分散在水相中。

欧莱雅集团随后再接再厉开发出了甲酚曲唑三硅氧烷（商品名：Mexoryl XL 或麦色滤 XL）。这个成分是甲酚曲唑的衍生物。

上面介绍的这几个后起之秀都有很好的 UVA 防护性能，用得最多的是亚甲基双 - 苯并三唑基四甲基丁基酚、双 - 乙基己氧苯酚甲氧苯基三嗪和二乙氨基羟苯甲酰基苯甲酸己酯。

这 3 个成分犹如三国演义，加上老牌的甲氧基肉桂酸乙基己酯和丁基甲氧基二苯甲酰基甲烷，以及两个物理防晒剂，组成物理防晒剂和化学防晒剂两大阵营，是防晒产品中最常用的核心成分。

面对这么多成分，有选择困难症的消费者免不了犯嘀咕：到底哪种防晒剂最好？

实际上很难找到一个防晒剂可以满足全方位的需求，所以现在主流的做法是搭配使用，物理的和化学的搭配，亲水的和亲油的搭配，防 UVA 的和防 UVB 的搭配，这样才能起到最好的效果和肤感。

总结：20 世纪 90 年代以来，防 UVA 的化学防晒剂成分开发取得了很大的进展，消费者有了更多更好的选择。

6.16 再论物理化学，无机有机

随着科学技术的发展，许多概念和认知不可避免地要进行调整，例如“物理防晒剂反射紫外线，化学防晒剂吸收紫外线”这种说法，严格推敲起来，里面有一些值得商榷的地方。

1. 化学防晒剂吸收紫外线，对吗？

正确。

化学防晒剂的分子吸收紫外线获得能量后，会跃迁到能量更高的状态，就像海豚跃出水面。不过海豚最终还是要回到水中，化学防晒剂分子最终也是要回到稳定的基态。在这个来回的过程中，防晒剂会把紫外线转变为热能或者其他形式，这就是化学防晒剂的作用机制。

需要强调的是，近些年来新开发的一些化学防晒剂，在吸收紫外线的同时，也具有反射和折射紫外线的功能，例如亚甲基双 - 苯并三唑基四甲基丁基酚，不过被反射和折射的紫外线在全部紫外线中占的比例不高，一般在 5% 以下[1]。

所以化学防晒剂既可以吸收紫外线，也可以反射和折射紫外线。

2. 物理防晒剂反射紫外线，对吗？

正确。

物理防晒剂像镜子一样，确实有反射、折射紫外线的作用；但是，吸收紫外线才是最主要的途径，例如氧化锌对紫外线的最大吸收比例可以高达 95%[1]，具体比例和物理防晒剂的种类、晶形、粒径大小等因素有关。

所以物理防晒剂既可以反射和折射紫外线，也可以吸收紫外线。

3. 物理防晒剂都是无机物，对吗？

物理防晒剂只有氧化锌和二氧化钛这两种，不含有碳元素，当然是无机物；然而用在化妆品中的物理防晒剂为了达到良好的效果，都需要进行表面处理。以二氧化钛为例，经过表面处理后除了二氧化钛之外，还有各种无机表面处理剂或有机表面处理剂。

所以不能机械地说物理防晒剂都是无机物，实际用于化妆品的物理防晒剂的成分是很复杂的。

4. 化学防晒剂都是有机物，对吗?

正确。

5. 化学防晒剂都不稳定，对吗?

不一定。

丁基甲氧基二苯甲酰基甲烷是出了名的光不稳定，其他防晒剂稳定性有高有低。由于丁基甲氧基二苯甲酰基甲烷是老牌的化学防晒剂，所以大家就觉得化学防晒剂都不稳定，其实未必。

6. 物理防晒剂比化学防晒剂更稳定，对吗?

正确。

7. 物理防晒剂比化学防晒剂更安全，对吗?

安全性既要看单一成分，也要看总体配方，因为化妆品不是只有一两个成分。

化学防晒剂的主要隐患是不稳定以及透皮吸收，成分以及分解后的产物会不会渗透进皮肤，进入皮肤之后会发生什么样的反应，这些都不是很确定。从这个角度来说，既不会分解也不会进入皮肤的物理防晒剂当然比化学防晒剂更安全。

但是对于产品就不能这样简单地下结论了，因为防晒产品除了防晒剂之外，还有其他很多成分。所以“物理防晒剂更安全”并不意味着“含有物理防晒剂的防晒乳霜更安全”，还要综合考虑各种添加成分的影响才好下结论。

总结：物理防晒剂和化学防晒剂都有吸收紫外线以及反射、折射紫外线的功能，都以吸收紫外线为主要的作用途径。需要从核心成分以及整体配方的角度来综合考虑产品的稳定性。

参考文献

[1] OSTERWALDER U, SOHN M, HERZOG B. Global state of sunscreens[J]. Photodermatology Photoimmunology & Photomedicine, 2014, 30(2-3):62-80.

6.17 安全不安全

消费者在选择防晒产品的时候，不外乎关注 3 个指标：有效、好用、安全。

有没有效要看 SPF 和 PA，好不好用要试过才知道。至于安全与否，这是一个经久不衰的话题，每隔一段时间就会有媒体跳出来宣称某某防晒剂有毒或者被禁用，消费者不免对此忧心忡忡：我手上这支防晒乳霜到底可不可以用呢？

首先，国家对防晒剂的使用都是有限制的，以法规的形式规定了在中国可以用哪些防晒成分，最高用量只能到多少。这就意味着防晒剂确实存在一些负面的风险，起码是潜在的安全隐患，这是客观事实。

其次，安全性和具体成分以及剂量是有关系的，所以我们还是要结合具体成分来分析。

先说最不安全的成分，它的名字很好记，叫作二苯酮 -3，可以吸收 UVB 及部分 UVA，对光的稳定性好，但是有很严重的光敏性，接触阳光后可能会导致皮肤过敏。

所以它有一个特殊的待遇：标签上必须标注“含二苯酮 -3”，就像香烟外盒要印刷“吸烟有害健康”一样，其他成分都没有这种要求。因此，在有选择的情况下，应尽量避免使用二苯酮 -3。

比二苯酮 -3 好一点点的是二甲基 PABA 乙基己酯，PABA 是对氨基苯甲酸的缩写，是最早用于防晒的成分，后来它被发现对皮肤有很大的刺激性，所以被淘汰了。PABA 类紫外线吸收剂现已很少使用，有些产品甚至还特别注明不含 PABA。

上面这两个成分是有确凿证据证明不安全的，其他准用防晒剂目前还没有一锤定音的证据。

以丁基甲氧基二苯甲酰基甲烷为例，这个成分最大的缺点是见光死和不团结。至于见光分解之后生成什么东西，有没有可能进入皮肤，进去之后有什么影响，现在都不确定。考虑到不稳定、不团结的缺点，也可以不用这个成分。

甲氧基肉桂酸乙基己酯在动物实验中被发现有干扰激素分泌的作用，不过，大规模地使用这么多年，在人身上没有发现类似的效果，所以谨慎推测应该是没有问题的。

比较安全的成分是近些年开发的化学防晒剂，包括亚甲基双 - 苯并三唑基四甲基丁基酚、双 - 乙基己氧苯酚甲氧苯基三嗪、乙基己基三嗪酮等。它们的分子都比较大，很难渗透进皮肤，所以安全等级更高。

最安全的成分当然是物理防晒剂，它们基本不会被皮肤吸收，也不会分解或者刺激皮肤，所以安全等级是最高的，有些文章推荐敏感性皮肤使用纯物理防晒产品，原因就在这里。

不过需要注意的是，纳米化的物理防晒剂颗粒具有很高的活性，容易生成氧自由基，加速皮肤衰老。这也是为什么有些人在使用BB霜或者其他粉体产品以后，发现皮肤变暗沉。以前认为是纳米粉体堵塞了毛孔，现在看来最主要的原因还是氧自由基的影响。

所以化妆品中使用的二氧化钛和氧化锌一定要进行表面包裹处理，这样不但可以降低催化活性，同时也可以防止粉在防晒产品中析出或积聚。具体的包裹工艺对于消费者来说是很难理解的，最简单的办法就是尽量选择知名品牌的产品。

除了纳米化之外，还要注意喷雾产品的隐患。防晒喷雾中的颗粒可能会通过呼吸道或者口腔等途径进入体内，所以物理防晒剂不建议用于防晒喷雾中。

总结：避免使用含有二苯酮 -3 和 PABA 类防晒剂成分的产品，尽量选择安全、温和、稳定性较好的防晒成分。

6.18 怎么又黄了？防晒涂的！

脸红什么？

精神焕发！

怎么又黄了？

防冷涂的蜡！

这段对话取自红色经典电影《智取威虎山》。冬季的东北最低温度可以降到零下三四十摄氏度，为了防冻伤，就要涂一些低温下会凝固的油脂，导致脸色有点发黄。

如果涂抹产品不是为了防冷而是为了防晒，有时候也会出现发黄的现象，大致来说和以下几种成分有关系。

首先，是丁基甲氧基二苯甲酰基甲烷，它遇到超细二氧化钛会生成黄色复合物。另外，它遇到锌离子、铁离子、铝离子这些金属离子会变色，夏季用了防晒乳霜后感觉项链或者戒指变黑，原因就在于首饰中释放出来的金属离子和丁基甲氧基二苯甲酰基甲烷反应。

其次，是甲氧基肉桂酸乙基己酯，这个常用成分的光稳定性也不太好，紫外线照射后会生成黄色的物质，不过可以通过加入生育酚（维生素 E）来稳定。有些防晒产品加一点维生素 E，然后标榜有抗氧化的作用，其实其主要目的还是保护不稳定的成分。

再次，某些广谱的 UVA 防晒剂也会导致发黄，特别是二乙氨基羟苯甲酰基苯甲酸己酯，它的防护波段一直延伸到 400nm 以上，会吸收紫光。

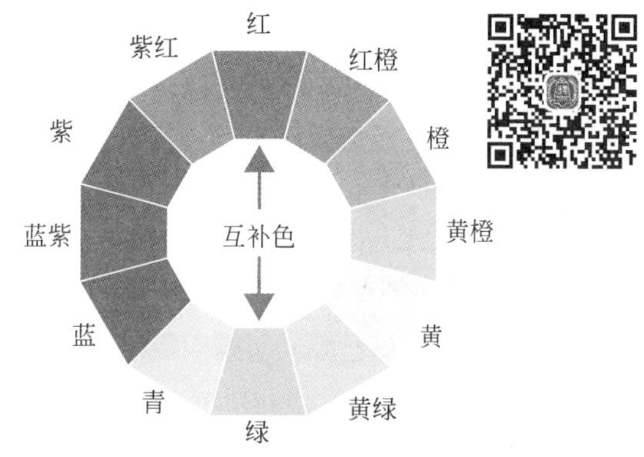

图 6.5　光的互补色

根据光的互补色原理，紫光被吸收之后，呈现出来的就是它的互补色黄色（图 6.5），因此含有二乙氨基羟苯甲酰基苯甲酸己酯的防晒产品经常会出现乳液发黄的现象。

最后，如果二氧化钛颗粒大，分散性差，那么形成的膜层表面粗糙，光泽度就会降低，并且会带有其他底色，看上去感觉色调发暗。

找到了问题的原因，解决方案自然就出来了。最简单的办法当然是不折腾，避开丁基甲氧基二苯甲酰基这个成分。

但是另外几个成分（特别是甲氧基肉桂酸乙基己酯）很难避开，那么就尽量不要让浅色的衣服接触到防晒乳霜，防止衣服被染黄。

总结：夏天用防晒后出现皮肤或衣服发黄的现象，往往和防晒剂有关系，解决办法是避开这些成分或者不让浅色衣服接触到防晒产品。

6.19　美日欧防晒配方简析

美国、日本和欧洲 3 个市场的防晒产品各有特色，有点像三国鼎立。

美国防晒配方类似于蜀汉，最保守最正统。防晒产品在美国属于非处方药，防晒剂成分必须经过审批才能使用，而美国食品药品监督管理局（Food and Drug Administration, FDA）的监管比较严格，这么多年来批准的防晒剂成分寥寥可数，最常用的防 UVA 成分还是经典的丁基甲氧基二苯甲酰基甲烷。

下面以某防晒乳 SPF45 为例分析美国防晒配方的特点，其成分如下：

胡莫柳酯、二苯酮 -3、水杨酸乙基己酯、丁基甲氧基二苯甲酰基甲烷、奥克立林、山嵛醇、丁羟甲苯、水杨酸丁基辛酯、辛基聚甲基硅氧烷、2,6-萘二甲酸二乙基己酯、聚二甲基硅氧烷、EDTA 二钠、硬脂酸乙基己酯、乙基己基甘油、羟苯乙酯、甘油硬脂酸酯、碘丙炔醇丁基氨甲酸酯、羟苯甲酯、PEG-100 硬脂酸酯、羟苯丙酯、硅石、聚丙烯酸钠、苯乙烯 / 丙烯酸（酯）类共聚物、十三烷醇聚醚 -6、三甲基硅烷氧基硅酸酯、VP/ 十六碳烯共聚物、水等。

这款产品是纯化学防晒配方，用了 6 种化学防晒剂，包括胡莫柳酯、二苯酮 -3、水杨酸乙基己酯、丁基甲氧基二苯甲酰基甲烷、奥克立林、2,6- 萘二甲酸二乙基己酯（该品牌的专利成分）。

但是该产品没有用防晒产品中最常用的防晒剂甲氧基肉桂酸乙基己酯，因为它和丁基甲氧基二苯甲酰基甲烷水火不容，既然选择了后者就只能放弃前者。

该配方的特点是使用 Helioplex 技术，用二苯酮 -3 和 2,6- 萘二甲酸二乙基己酯这两种成分来稳定丁基甲氧基二苯甲酰基甲烷，号称能对 UVA 提供更长效的保护。

二苯酮 -3 的光敏性比较大，所以这款产品毁誉参半，有人大力推荐；也有人用后产生刺激反应，进而大力反对。

再来看润肤剂，该配方主要是水杨酸丁基辛酯、辛基聚甲基硅氧烷、聚二甲基硅氧烷等油类成分。水杨酸丁基辛酯是很优秀的溶剂和润肤剂，两种硅油提供润滑的手感，同时赋予产品一定的防水性。

该配方在防水方面用的是苯乙烯 / 丙烯酸（酯）类共聚物、三甲基硅烷氧基硅酸酯和 VP/ 十六碳烯共聚物，这些都是防晒产品经常使用的成膜剂。加上两个硅油，确实有防水防汗的作用。

该配方没有用多元醇或酒精，目的也在于保证产品的防水性，代价就是肤感厚重，虽然用了硅石来改善，但还是建议在购买前试用一下。

从这个产品可以看出，美国防晒体系的基本骨架还是围绕丁基甲氧基二苯甲酰基甲烷转圈圈。产品性价比高，用起来不心疼。如果皮肤不敏感，也不在乎肤感，美国产品还是不错的选择，除此之外就不足称道了。

由于丁基甲氧基二苯甲酰基甲烷不稳定，配伍性差，日本厂家索性避开它，一门心思投在氧化锌的改性上，把氧化锌的性能发挥到极致。日本的纳米氧化锌技术和表面处理技术独步天下，好比东吴的水军，战力天下第一。

下面以某防晒霜 SPF50+/PA++++ 为例分析日本防晒配方的特点，其成分如下：

水、乙醇、氧化锌、甲氧基肉桂酸乙基己酯、辛基十二醇肉豆蔻酸酯、二乙氨基羟苯甲酰基苯甲酸己酯、聚二甲基硅氧烷、丁二醇、丙烯酸钠 / 丙烯酰二甲基牛磺酸钠共聚物、甘油、环五聚二甲基硅氧烷、异十六烷、三乙氧基辛基硅烷、聚甲基硅氧烷、聚山梨醇酯 -80、锦纶 -12、双 - 乙基己氧苯酚甲氧苯基三嗪、甲基聚三甲基硅氧烷、EDTA 二钠、透明质酸钠、海带提取物、可溶性胶原、蜂王浆提取物等。

这款防晒产品是物理防晒剂 + 化学防晒剂的组合，氧化锌的用量约为 9.5%，甲氧基肉桂酸乙基己酯用量约为 7.5%，二乙氨基羟苯甲酰基苯甲酸己酯用量约为 2.5%，双 - 乙基己氧苯酚甲氧苯基三嗪用量为 0.5%～1%。

氧化锌的防护性能好，可以吸油，高浓度使用还有防腐的效果，特别适合与酒精配合达到轻盈的肤感，简直是完美地吻合了消费者对产品的要求。

这个配方的特点是采用 ADVAN 技术，即把氧化锌处理成扁平的薄板状，形成致密平整的防晒层，避免粉体重叠和发白现象。日本的氧化锌原料往往做成片状或者花瓣状结构的纳米材料，所以能用不起眼的原料做出不同凡响的产品。虽然成分表上都标注氧化锌，但在这些看不见的地方才是日本产品成功的关键。

该配方中乙醇（酒精）排名第二，通过气相分析测试确定其含量在 9%～10%，配合氧化锌起到防腐效果，所以没有添加防腐剂。乙醇挥发时会带走水分，加上氧化锌的吸油作用，这种搭配的好处是肤感清爽，坏处是导致拔干，敏感性皮肤慎用，干皮最好也在购买之前体验一下。

该配方中乳化、增稠体系用的是丙烯酸钠 / 丙烯酰二甲基牛磺酸钠共聚物 + 异十六烷 + 聚山梨醇酯 -80，构成不需要中和的反转增稠剂，肤感水润轻盈，但是对油脂的承载力有限。

该配方中润肤剂包括辛基十二醇肉豆蔻酸酯和几种硅油；没有用成膜剂，防水能力一般。

另一款日系防晒霜中的超级网红是某防晒乳 SPF50+/PA++++，其全成分如下：

聚二甲基硅氧烷、水、乙醇、氧化锌、三乙氧基辛基硅烷、甲氧基肉桂酸乙基己酯、丁羟甲苯、滑石粉、肉豆蔻酸异丙酯、甲基丙烯酸甲酯交联聚合物、环五聚二甲基硅氧烷、二硬脂基二甲基氯化铵、奥克立林、异十二烷、CI 77891、氢氧化铝、硬脂酸、PEG-9 聚二甲基硅氧乙基聚二甲基硅氧烷、二乙氨基羟苯甲酰基苯甲酸己酯、三甲基硅烷氧基硅酸酯、聚丙二醇 -17、甘油、硅石、癸二酸二异丙酯、糊精棕榈酸酯、乙烯基聚二甲基硅氧烷 / 聚甲基硅氧烷硅倍半氧烷交联聚合物、双 - 乙基己氧苯酚甲氧苯基三嗪、异硬脂酸、异丙醇、二硬脂二甲铵锂蒙脱石、茶叶提取物、EDTA 三钠、PEG/PPG-14/7 二甲基醚、(日用)香精、生育酚(维生素 E)、丁二醇、狗牙蔷薇果提取物、洋委陵菜根提取物、樱花叶提取物、焦亚硫酸钠、库拉索芦荟叶提取物、乙酰化透明质酸钠等。

可以看到其主要成分和某高效矿物保湿防晒霜 SPF50+/PA++++ 高度重合，例如都是用氧化锌和甲氧基肉桂酸乙基己酯构成核心骨架，都添加了二乙氨基羟苯甲酰基苯甲酸己酯和双 - 乙基己氧苯酚甲氧苯基三嗪这两种新型的 UVA 防晒剂，都用乙醇来调节肤感。

不同的是，这款产品的防晒性能配方更加全面，奥克立林和二氧化钛（CI 77891）协同作用，无论是对 UVA 还是对 UVB，都可以有效抵御。

该产品乳化体系是硅油包水的结构，防水能力优异，户外运动完全没有问题，但是比较难清洁。再加上肉豆蔻酸异丙酯的存在，有闷痘的可能。

氧化锌 + 甲氧基肉桂酸乙基己酯的组合在日本防晒产品中比比皆是，从高端的产品到开架商品，到处都有这个组合的身影，如果很在乎肤感，日系以氧化锌搭配甲氧基肉桂酸乙基己酯的组合是很好的选择，日常生活中够用。

和美国、日本比起来，欧洲毫无疑问是曹魏，地盘最大，实力最强，近年来批准的防 UVA 成分基本出自欧洲厂家之手。

即使是传统的丁基甲氧基二苯甲酰基甲烷，欧洲厂家手中也有很多专利，例如 20 世纪 90 年代中期欧莱雅就获得专利，用奥克立林来稳定丁基甲氧基二苯甲酰基甲烷，这也是目前最常用的光稳定性技术。

下面以某防晒露 SPF30 为例，分析欧洲防晒配方的特点，其成分如下：

水、甲氧基肉桂酸乙基己酯、环五聚二甲基硅氧烷、水杨酸乙基己酯、亚甲基双－苯并三唑基四甲基丁基酚、聚甘油－6、聚山梨醇酯－60、乙基己基三嗪酮、二乙氨基羟苯甲酰基苯甲酸己酯、甜菜碱、苯氧乙醇、山梨坦硬脂酸酯、鲸蜡硬脂醇、PEG-100 硬脂酸酯、甘油硬脂酸酯、双－乙基己氧苯酚甲氧苯基三嗪、氢化卵磷脂、泛醇、尿囊素、透明质酸钠、辛酸/癸酸甘油三酯、乙酰化透明质酸钠、四氢甲基嘧啶羧酸、马齿苋提取物、生育酚乙酸酯、楔基海带提取物、1,3-丙二醇、EDTA 二钠、羟苯甲酯、羟苯丙酯、卡波姆等。

这款产品用的是纯化学防晒配方，有 6 种化学防晒剂。配方的特点是采用 Solarex-3 技术，就是把亚甲基双－苯并三唑基四甲基丁基酚、乙基己基三嗪酮、二乙氨基羟苯甲酰基苯甲酸己酯和双－乙基己氧苯酚甲氧苯基三嗪打包组合。这个技术出自巴斯夫，在其他产品中也有用到。

这几种防晒剂再配合甲氧基肉桂酸乙基己酯和水杨酸乙基己酯，达到广谱稳定的防护性能。这几种化学防晒剂基本都是液体的合成酯，再加上硅油和其他油脂类成分，共同创造滋润的肤感，适合偏干性皮肤使用，这也是欧洲防晒配方的特点。

这款产品在防水方面如同某高效矿物保湿防晒霜，没有用成膜剂，防水能力一般。

以上说的产品配方特点只是总体的概括，并不是绝对如此，例如美国产品也会用氧化锌，欧洲产品也会用丁基甲氧基二苯甲酰基甲烷，日本也有用纯化学防晒剂的配方或者肤感差的产品。所以在购买防晒产品之前，最好还是先体验一下再做决定。

4 款产品用到的主要成分归类作对比如表 6.3 所示。

表 6.3　4 款产品用到的主要成分

项目	产品①	产品②	产品③	产品④
防晒指数	SPF45	SPF50+ PA++++	SPF50+ PA++++	SPF30
UVA 防晒剂	丁基甲氧基二苯甲酰基甲烷	氧化锌、二乙氨基羟苯甲酰基苯甲酸己酯、双－乙基己氧苯酚甲氧苯基三嗪	氧化锌、二乙氨基羟苯甲酰基苯甲酸己酯、双－乙基己氧苯酚甲氧苯基三嗪	亚甲基双－苯并三唑基四甲基丁基酚、乙基己基三嗪酮、二乙氨基羟苯甲酰基苯甲酸己酯、双－乙基己氧苯酚甲氧苯基三嗪

续表

项目	产品①	产品②	产品③	产品④
UVB 防晒剂	胡莫柳酯、二苯酮 -3、水杨酸乙基己酯、奥克立林	甲氧基肉桂酸乙基己酯	甲氧基肉桂酸乙基己酯、奥克立林、CI 77891（即二氧化钛）	甲氧基肉桂酸乙基己酯、水杨酸乙基己酯
润肤剂	水杨酸丁基辛酯、辛基聚甲基硅氧烷、聚二甲基硅氧烷	辛基十二醇肉豆蔻酸酯、聚二甲基硅氧烷、环五聚二甲基硅氧烷、异十六烷、三乙氧基辛基硅烷、聚甲基硅氧烷、甲基聚三甲基硅氧烷	聚二甲基硅氧烷、三乙氧基辛基硅烷、肉豆蔻酸异丙酯、环五聚二甲基硅氧烷、异十二烷	环五聚二甲基硅氧烷
肤感	厚重	轻润	良好	良好
防水性能	良好	一般	优秀	一般
防腐剂	羟苯乙酯、碘丙炔醇丁基氨甲酸酯、羟苯甲酯、苯氧乙醇、羟苯丙酯	无	苯氧乙醇	苯氧乙醇、羟苯甲酯、羟苯丙酯
是否有酒精	无	有	有	无

注：产品①为某清透防晒乳 SPF45；

产品②为某高效矿物保湿防晒霜 SPF50+/PA++++；

产品③为某水能户外清透防晒乳 SPF50+/PA++++；

产品④为某水薄清爽防晒露 SPF30。

总结：美国防晒产品以丁基甲氧基二苯甲酰基甲烷为核心，性价比高。日本防晒产品以氧化锌搭配甲氧基肉桂酸乙基己酯为核心，肤感清爽，适合油性皮肤。欧洲防晒产品总体上肤感滋润，适合干性皮肤。

6.20 补防晒的奥秘

很多人都听过“防晒乳霜要隔两个小时补一次”这种说法，这里面到底有什么门道呢？是真有科学根据，还是商家的忽悠？

要说清楚补擦防晒乳霜的原理，就得从防晒的配方开始说起。补擦防晒乳霜的第一个原因是成分不稳定，以前防 UVA 主要靠丁基甲氧基二苯甲酰基甲烷，它在光照 2 小时后剩余量仅有 42%，所以要隔一段时间补一次。

补擦防晒乳霜的第二个原因是产品的防水防汗性能不足。防晒产品常在夏季用，如果防水效果不够强，出汗出油或者游泳之后会导致产品流失，所以也要隔一段时间补一次。

随着技术的进步，这两个原因都有了解决的办法。例如用稳定的UVA防晒剂，一劳永逸地解决光稳定性的问题；再如添加成膜剂，提升防水防汗能力。

对于普通消费者来说，成膜剂是一个很陌生的概念，它不像防晒剂、防腐剂那样耳熟能详，也不知道有什么用。其实成膜剂在防晒乳霜、粉底、睫毛膏等需要防水的化妆品中很常见，最常用的效果是干燥后在皮肤上形成一层连续的不溶于水的膜。

对于防晒产品来说，成膜剂可以改善防水性、耐油性和持久性，提高防护指数，还可以阻挡防晒剂成分渗透进皮肤，让防晒剂停留在皮肤表面。

成膜剂通常是共聚物或者交联聚合物，例如VP/十六碳烯共聚物、VP/二十碳烯共聚物、丙烯酸（酯）类共聚物、丙烯酸酯/丙烯酰胺共聚物。

以某清透防晒乳SPF45为例，用的是苯乙烯/丙烯酸（酯）类共聚物、VP/十六碳烯共聚物和三甲基硅烷氧基硅酸酯，这些都是防晒配方中经常使用的成膜剂；再配合油包水结构，就能达到不错的防水性能，其代价就是肤感黏腻厚重，不够清爽。

分析了补擦防晒的原因之后，就可以对“是否需要定期补擦防晒”这个问题下一个不是结论的结论了。

先说稳定性的问题，如果配方中没有丁基甲氧基二苯甲酰基甲烷这个成分，就不需要补擦；如果有，尽量隔2小时补擦一次，以保证防晒效果。

再说防流失的问题，如果配方是油包水的结构，或添加了成膜剂而有防流失的效果，那么不一定需要补擦。

总结：以前的防晒产品不稳定，不防水，需要补擦。随着技术的进步，这两个问题都有了解决办法，是否补擦防晒乳霜要具体情况具体分析。

6.21 防晒与闷痘

夏季经常遇到用了防晒乳霜之后长痘痘、闭口的问题，为什么会出现这种现象呢？

这个问题很麻烦，因为痘痘和很多因素有关，例如温度、饮食、内分泌、睡眠作息……如果近期熬夜，或者猛吃水煮鱼、麻辣烫之类的油腻辛辣的美食，那么不论是否用防晒乳霜，都有可能长痘，用防晒和长痘痘之间是先后关系，不是因果关系。

长痘还可能和护肤品中容易致痘的成分有关，例如棕榈酸异丙酯、肉豆蔻酸异丙酯、油酸 / 橄榄油等。这些成分无论用在哪个产品中，都容易出现痘痘，这个责任不能甩给防晒乳霜。

如果确实怀疑痘痘与防晒乳霜有关，例如皮肤明明是在稳定期，然而一抹防晒乳霜就狂长痘，那么就要考虑防晒产品闷痘的可能性。

闷痘的关键在于“闷”：防晒产品需要停留在脸上持久不脱妆，防水、防汗、防流失，相当于在脸上加了一个盖子。盖上锅盖可以把饭菜焖熟，同理，如果防晒乳霜的封闭性太好，从早到晚闷在脸上，皮脂不能顺畅地从毛孔排出来，就可能闷出痘痘、闭口。

除了防晒乳霜之外，BB 霜、CC 霜、素颜霜、隔离霜、粉底霜、懒人霜等产品也有防水防汗的设计，也有可能会导致或者加重痘痘。

如果使用防晒乳霜容易爆痘，就要暂时停用，待皮肤恢复后再试试。假如每次都出现同样的结果，那就看一下成分表，是不是有致痘成分，或者添加过多油脂、成膜剂之类的原料。

如果有，就要换其他牌子的防晒乳霜。可以选择肤感清爽、防水性不那么强的配方，通过补涂来弥补防晒产品的流失。

已经长了痘痘，要怎样防晒呢?

长痘痘特别是会痛的丘疹、脓包、结节甚至囊肿，最好不用防晒乳霜，代之以打伞戴帽。因为痘痘最主要的成因是毛囊口堵塞，皮脂不能顺利排出。如果再加防晒乳霜，就会火上浇油，导致问题更加严重。

如果是闭口粉刺或者黑头，就尽量选择不含成膜剂且质地清爽的防晒乳霜，例如日系氧化锌 + 甲氧基肉桂酸乙基己酯的配方。

总结：防晒乳霜闷痘可能和致痘成分、油脂、成膜剂有关，可以选择肤感清爽、防水性不那么强的配方。

6.22 防晒乳霜能用洗面奶洗掉吗?

防晒乳霜能用洗面奶洗掉吗？是不是一定要卸妆?

这个问题永远不会有标准答案，原因很简单，洗面奶的清洁力差别很大，有的很强，有的很弱；防晒乳霜的防水能力差别也很大，有的能扛一整天，有的甚至不防水。差别如此之大，怎么可能会有一个放之四海而皆准的答案呢？

那么在选购产品的时候问导购行吗？理论上是可以的，实际上也不好说，因为导购为了把东西卖出去，肯定要投其所好，消费者得到的消息可能只是想要听到的，不是客观真实的。

所以如果一定要问能否用洗面奶洗掉防晒乳霜，无懈可击的完美答案是：具体情况具体分析。

当然对于消费者来说，这样的话说了等于没有说，所以还要进一步分析，得出一些不是结论的结论。

讨论这个问题的时候，我们要坚持两个导向，分别是问题导向和结果导向。问题导向就是要问：洗面奶的清洁力强吗？防晒乳霜的防水能力强吗？

洗面奶的清洁力要看表面活性剂，以氢氧化钾为主的皂基配方清洁力最强；其次是月桂醇硫酸酯钠和月桂醇聚醚硫酸酯钠，清洁力也很强；接下来是酰基氨基酸盐，清洁力中等，不温不火；最弱的是甜菜碱和烷基糖苷，单独使用很难彻底洗掉防晒产品。

防晒乳霜的防水能力要看油脂成分和成膜剂，前者包括各种“油脂酯蜡烷烯”，后者包括各种共聚物。油脂成分和成膜剂越多，防水能力越强。

这两个问题确定之后，洗面奶能不能洗掉防晒乳霜就有一个初步的结论了：

如果洗面奶的清洁力很强，防晒乳霜的防水力很弱，那当然可以用洗面奶洗掉防晒乳霜；

反之，如果洗面奶的清洁力很弱，防晒乳霜的防水力很强，那么就洗不干净。

如果两者的能力都差不多呢？那就要坚持结果导向，通过实际结果来验证。

将防水的防晒乳霜涂在手上，然后将水淋上去，由于表面张力的差异，水在皮肤上形成的是一颗颗水珠（图 4.1）。

用洗面奶清洁防晒乳霜之后，再将水淋上去，如果形成的是一颗颗水珠，说明洗面奶没有把防晒乳霜洗干净，要换成更加强力的清洁或者卸妆产品；如果没有出现大量水珠（可以有少量），那就说明洗干净了。

总结：防晒乳霜能不能用洗面奶洗掉？也许可以。是不是一定要卸妆？不一定。关键是要看洗面奶的清洁力和防晒乳霜的防水能力。

6.23 防晒与搓泥

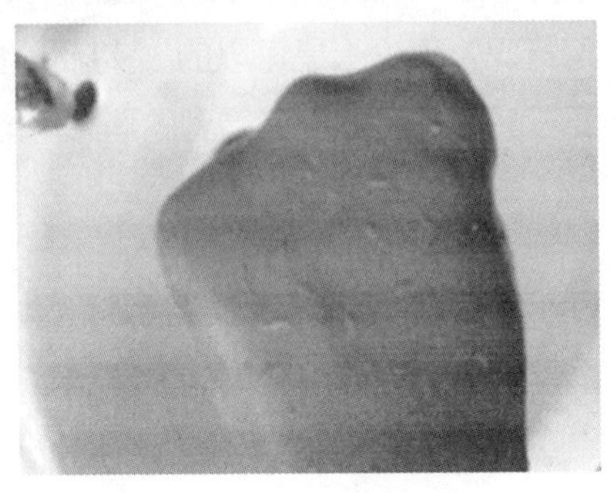

图 6.6 搓泥

搓泥是一个通俗的说法，大概是指涂抹产品的时候，在皮肤上搓出一条条的泥状物，形状有长有短，数量有多有少，颜色有深有浅（图 6.6）。

使用防晒乳霜很容易出现搓泥现象，原因何在呢？是因为皮肤缺水吗？还是涂抹太多了？或者是产品不吸收？还是需要去角质？

先不着急下结论，可以做个简单的实验：将搓泥的产品挤到玻璃上或者碗里面混合起来，看看是不是仍然会出现搓泥现象。如果搓泥现象仍然会出现，难道玻璃和碗也要去角质吗？

其实搓泥和缺水、去角质都没有关系，搓泥主要是因为无机粉料（二氧化钛、氧化锌）和高分子化合物发生反应。

以二氧化钛颗粒为例，它在 pH 值为 6～7 的条件下最容易沉淀下来，而其余条件下可以分散开。大多数护肤品的 pH 值就在 6～7 这个范围，因此护肤品中的二氧化钛颗粒容易沉降。

当它和某些高分子化合物相遇的时候，沉降更容易发生。高分子化合物俗称“胶”，像胶水一样能搓出白色的屑，再加上二氧化钛颗粒以及皮肤表面的皮脂、汗液和灰尘，混合在一起就搓出一条条的“泥”。

最容易搓泥的高分子化合物是卡波姆，这是一种非常有用的原料，很多凝胶类质地的产品里面都有它的身影。当它遇到二氧化钛、氧化锌这些无机颗粒的时候，就容易搓出“泥”了。

另外，有人认为赛比克 305 也容易出现搓泥现象，这种原料是混合物，成分包括聚丙烯酰胺、C13-14 异构烷烃和月桂醇聚醚 -7。它具有很强的增稠能力和出色的乳化性能，加一点进去搅一搅，膏体就会变得稠厚，而且外观洁白亮丽，触感细腻柔滑，堪称增稠神器；它的缺点是遇到氧化锌很容易出现搓泥现象，所以不能和氧化锌共用。

从前面的讨论可以看出，高分子化合物遇到无机粉料颗粒都可能发生搓泥现象，所以搓泥现象并不仅限于防晒乳霜。粉底霜或者隔离霜中用了氧化铁红之类的无机色素粉料，也可能产生搓泥现象，其原理和改善途径与前面的讨论类似。

此外，卡波姆、黄原胶等增稠剂遇到了阳离子表面活性剂，也容易发生搓泥现象。阳离子表面活性剂在护肤产品中使用比较少，在洗发、护发类产品中使用比较多，常见的名称是 ×× 基氯化铵。

找到防晒乳霜搓泥的初步原因之后，接下来就要寻求解决方案。

单独用无机粉料不一定会搓泥，单独用高分子化合物也不一定会搓泥，但是两者一起用就容易搓泥了，所以最简单的办法就是换掉其中一个，例如把防晒乳霜换成纯化学防晒配方，或者不用卡波姆。

此外，在用法方面需注意以下几点：

（1）用乳霜的时候先在额头、鼻子、下巴、两颊这 5 点的位置点上膏体，然后用手轻轻拍开，不要大力推展涂抹。

（2）适当控制护肤品的用量，不是越多越好。

（3）每用完一道产品后，停几分钟，再进行下一个步骤。

除了这类搓泥之外，产生搓泥的原因还有很多，这就只能具体情况具体分析，逐个更换产品来排查，一般来说，哪个便宜就换哪个，毕竟贵的也舍不得换掉。

总结：物理防晒剂和高分子化合物相遇时，特别容易发生搓泥现象，这是配方冲突的结果，可以通过调整产品和用法来改善。

6.24　防晒小问答

Q1：SPF20 的防 UVB 能力是 SPF10 的两倍吗？

A1：取决于看问题的角度。

SPF10 可阻隔 9/10 的 UVB，只漏过 1/10 的 UVB；

SPF20 可阻隔 19/20 的 UVB，只漏过 1/20 的 UVB；

SPF x 可阻隔（x−1）/x 的 UVB，只漏过 1/x 的 UVB。

从阻挡紫外线的角度来说，SPF10 可阻隔 9/10 即 90% 的 UVB，SPF20 可阻隔 19/20 即 95% 的 UVB，SPF 增加一倍，防晒效果只增加了 5%。

从透过紫外线的角度来说，SPF10 只漏过 1/10 的 UVB，SPF20 只漏过 1/20 的 UVB，SPF 增加一倍，防晒效果也增加一倍。

从防晒的原理来看，第二种结论更加科学，可以认为“SPF20 的防 UVB 能力是 SPF10 的两倍”。因为防晒产品能够阻挡多少紫外线并不是最重要的，不能阻挡多少紫外线才是最重要的。就像下棋一样，下了多少步妙招都不是最重要的，一招不慎，就会满盘皆输。

Q2：叠加使用几种防晒产品，最终 SPF 是多少？

A2：没人能预知答案，只有做人体测试才能确定。

同时使用几种防晒产品时，最终的 SPF 并不是各个产品的 SPF 的简单累加。有时候防晒剂会发生内耗，互相抵消，最明显的例子就是甲氧基肉桂酸乙基己酯和丁基甲氧基二苯甲酰基甲烷，如果这两个成分各自出现在某一个产品中，而两个产品又同时使用，最终的 SPF 别说达到“1+1 ＞ 2”的效果，连“1+1=2”都做不到，很可能是“1+1 ＜ 2”。

Q3：防晒乳霜要提前涂抹吗？是为了让防晒乳霜被皮肤吸收吗？

A3：提前涂抹防晒产品的做法是有道理的，但不是为了让皮肤吸收，而是利用这段时间使水分挥发，让成膜剂铺展成平滑的涂膜，防晒成分附着在皮肤上，避免因为流汗等原因而流失，因此出门时要尽量提前涂抹防晒。

6.25 全球化视野下的 SPF

我们已经进入全球化时代，防晒产品和信息很便利地在全世界流动，但不同国家和地区对防晒的监管仍然存在差异，消费者必须对这些差异有基本的了解。

以 SPF 为例，它的测试方法包括人体法、机器法和公式法。

人体法是在人身上测试，这种方法费用高，时间长，而且重现性不好，但是中国只承认人体法。

机器法是把防晒乳霜涂抹在测试装置上，然后放到机器内部去测。

公式法是根据防晒剂的种类和用量按照公式算出 SPF。

机器法和公式法测出来的结果可能和人体法的测试结果有天壤之别，但是过程简单，费用低，在有些国家是允许的。

很多国家的检测机构是向社会资本开放的，竞争激烈。有些头脑灵活的机构就会急客户之所急、想客户之所想，客户要什么数据就给什么数据。例如：客户需要一款 SPF 很高的产品，但是在技术上或者成本上又很难做到，这时候检测机构就会对结果进行有技巧的处理，提供给客户的 SPF 可能比实际的 SPF 高很多。于是客户有了“SPF 很高”的卖点，检测机构做成了生意，皆大欢喜，只有消费者被蒙在鼓里。

对于 SPF 标注值虚高的现象，消费者要怎样辨别呢？

国产防晒化妆品的 SPF 值总体上是靠谱的，当然也有个别例外。例如，前几年某个以补水闻名的品牌 W，旗下的防晒乳霜居然检测不出防晒剂，可谓是匪夷所思。经过监管部门的严厉整顿，这种现象已经越来越少，所以不需要纠结。

如果是从国外海淘的产品，就要留一个心眼了，可以结合防晒剂的种类来判断。就目前的技术来说，SPF 越高，需要协同使用的防晒剂种类也越多，SPF 想达到 20～30 倍，一般需要 2～3 种防晒剂；SPF 想达到 30～50 倍，一般需要 3～5 种防晒剂。

如果两者差太远，例如标注 SPF50+，配方却只有一两种防晒剂，这样的产品还是多留一个心眼为好；如果一定要选择这样的产品，牢记要涂足量。

至于 UVA 的问题，各国差别更大。UVA 防护的测试方法还没有统一，有时候在标签上不是标注 PA，而是标注临界波长。

临界波长的原理是先设 290~400nm 的吸收光谱曲线下的面积为 100%（图 6.7 中绿色和红色阴影部分之和），然后计算吸收光谱曲线下的面积，如果要达到 90%（即绿色阴影部分），需要从 290nm 开始到某个波长结束，这个结束波长就叫作临界波长，如图 6.7 的临界波长是 375.87nm。

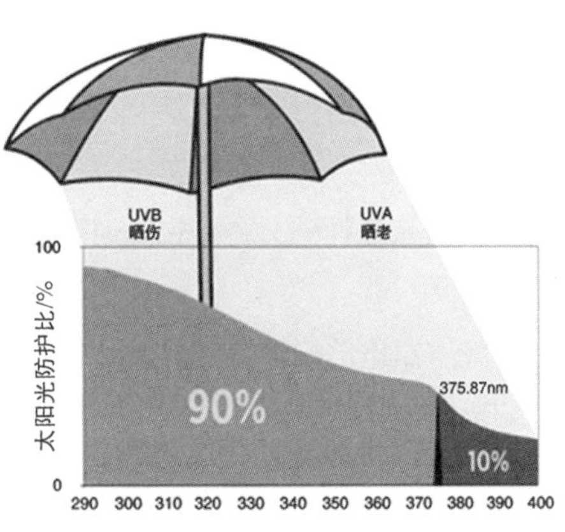

图 6.7 临界波长

临界波长越高，对 UVA 的防护效果越好；一般要求临界波长最低为 370nm。

此外还有各种比值法，其原理是测试样品对 UVA 和 UVB 的吸收，然后计算两者的比值，比值越高，对 UVA 的防护能力越强。

总结：国外生产的防晒化妆品可能存在 SPF 虚高的现象，消费者可以结合防晒剂的种类来判断。

6.26 选防晒的三要件

防晒化妆品是化妆品中唯一一个需要对功效进行强制检验的类别，并且要以

SPF 和 PA 的形式公开标注在产品上。其他化妆品都没有这个要求。从某种意义上说，防晒化妆品才是真正的药妆，所以在美国干脆就把防晒产品归为非处方药。

然而由于防晒成分的复杂性，很多消费者即使成了资深的人士，对防晒配方的分析都头大不已。实际上只要抓住 3 个要件，我们就可以根据成分来分析防晒产品。

1. 分析防晒功能

防晒产品最大的作用就是减少紫外线对皮肤的伤害。如果没有防晒功能，这样的产品就没有存在的意义了。

（1）看 SPF 和 PA，尤其是 PA。对于黄种人来说，防护 UVA 具有更重要的意义。

（2）看产品的生产地。如果是国产的，标注的防晒倍数总体还是比较靠谱的。

（3）看防晒剂成分，这是重中之重，以下成分特别值得关注。

防 UVA 成分：氧化锌、二乙氨基羟苯甲酰基苯甲酸己酯、双－乙基己氧苯酚甲氧苯基三嗪、亚甲基双－苯并三唑基四甲基丁基酚。

防 UVB 成分：甲氧基肉桂酸乙基己酯、二氧化钛、胡莫柳酯、奥克立林、水杨酸乙基己酯。

如果有两种防 UVA 成分，搭配 2～3 种防 UVB 成分，这个组合就算是比较全面了。

如果是进口的防晒产品，防晒剂的种类很少，而防晒倍数又很高，那就要警惕防晒倍数虚高的现象。

二苯酮－3、二甲基 PABA 乙基己酯和丁基甲氧基二苯甲酰基甲烷这几个成分是减分项目，随着技术的进步，我们有了更好的选择，并不需要只认它们。

2. 分析防晒产品的防水防汗作用

防水防汗作用主要是通过成膜剂来实现的，一般是各种共聚物或者交联聚合物。具有防水效果的产品有时候会在标签上标识“防水防汗”“适合游泳等户外活动”等字样。

3. 分析防晒产品的肤感

消费者都希望防晒产品清爽不黏腻，想要达到这个要求：首先要正确选择油脂，碳酸二辛酯、环五聚二甲基硅氧烷、异壬酸异壬酯这几个成分比较符合清爽不黏腻的要求。其次看有没有添加吸油的粉体成分，除了氧化锌和二氧化钛之外，常用的吸油粉体还有硅石、硅粉、锦纶这些无机粉体或者 PMMA 这种空心结构的有机微球。最后可以看看有没有酒精，它可以制造一种清爽的感觉，但是会破坏产品的成膜效果。吸油粉体对成膜也有破坏作用，所以防水防汗和肤感清爽往往是鱼和熊掌不可兼得的。

经过这 3 个层次的考察后，我们对产品的防晒功能、防水防汗效果以及肤感就有了一个大致的了解。

然后可以在现场体验，将产品抹在耳后，观察有没有不舒服的现象。如果各方面都符合要求，就可以将这个防晒产品带回家了。

总结：选择防晒产品的时候，要根据成分表对产品的防晒功能、防水效果以及肤感进行分析，特别要关注防 UVA 成分和防水能力。

6.27 防晒 ABC

防晒重要不重要？当然重要，防晒是基础护肤中最重要的步骤，防晒做好了，美白和抗衰老才会水到渠成。一个人哪怕什么都不做，只要把防晒工作做好，30 岁以后的状态都能比同龄人看上去年轻 5 岁。

但是，防晒并不等于涂抹防晒乳霜，每天都要防晒不等于每天都要涂抹防晒乳霜。

在无孔不入的消费主义观的宣传下，很多人误以为防晒就是要往脸上涂抹高倍数的防晒乳霜。殊不知防晒是一个系统性的工程，涂抹防晒乳霜只是防晒工程中的一部分，甚至是不太重要的一小部分。

怎样才能全面完善地做好防晒呢？著名的化妆品专家张丽卿提出防晒 ABC 原则，包括以下 3 条细则。

（1）A-avoid（避开），即多宅少晒，能不晒就不晒；特别是尽量避免 10～16 点在户外活动。

防晒最重要的是少晒乃至不晒，因为不晒才可以完全避免紫外线对皮肤的影响，这是其他手段都做不到的。

明明用了很高倍数的防晒乳霜，为什么仍然被晒黑了呢？因为目前的防晒剂无论防护波段多么全面，光稳定性多么强，也没办法保证能够完全隔绝 290～400nm 的紫外线，漏网的紫外线多多少少会造成皮肤发红发黑的现象。

打伞、戴帽也是如此，它们可以阻挡正面的紫外线，但是没有办法阻挡照射在地面上然后反射回来的紫外线。所以想要防晒，最有效、最重要的办法就是待在房间或者有遮蔽的地方，隔绝紫外线。

（2）B-block（阻隔），即出门打伞、戴帽，借助太阳伞、帽子、墨镜、面纱、围巾、手套、深色长袖衣服等工具阻挡紫外线。

使用太阳伞、帽子这些工具比涂抹防晒乳霜更重要，因为这些工具不会对皮肤造成伤害，而防晒剂对皮肤肯定会有负面影响，否则国家为什么要规定其使用上限呢？再加上各种成膜剂、防腐剂以及油脂还要长时间闷在皮肤上面，对皮肤会没有负面影响吗？

所以用了防晒乳霜之后皮肤感觉不爽，实际上就是各种成分对皮肤影响的体现。而太阳伞、墨镜、围巾、帽子、衣服这些工具是不会对皮肤产生刺激作用的，价格也便宜，使用期限又长，我们为什么要舍本逐末呢？

（3）C-cover（涂抹），在做好前两项工作的基础上，涂抹防晒产品覆盖在裸露的皮肤表面。

防晒化妆品是不是完全没有用呢？当然也不能这样讲。例如，在户外上游泳课，前两种手段都无能为力，这时候就只能涂抹防晒乳霜了。

所以防晒化妆品就像洗面奶一样，不是每个人都必须用，更不是用得越多越好，能不用最好就不用。

总结：防晒最重要的是少晒，其次是要打伞、戴帽，最后才是用防晒产品。涂抹防晒产品只是防晒工作中很次要的一个步骤，只有做好前两项工作，使用防晒产品才有意义。

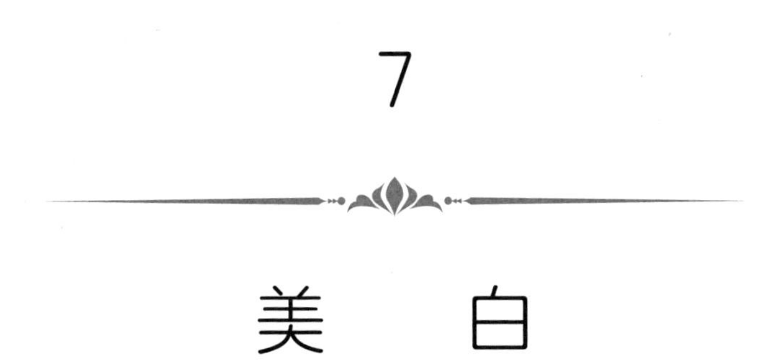

7 美白

7.1　眼前的黑不是黑

一白遮百丑，一白抵三俏，以白为美是我们亘古不变的偏好，然而对黄种人来说，美白又是一件非常艰巨的任务。

其实很多时候黄种人的肤色看上去不白，不单是黑的原因，还有其他因素在起作用。

肤色最主要的影响因素是黑素颗粒（俗称黑色素或者麦拉宁），由于不同人种黑素颗粒的大小不同、种类不同、分布不同，肤色因此呈现不同的颜色。

黑种人的黑素颗粒最大，呈棕色或黑色，在表皮各层都有分布。

黄种人的黑素颗粒主要分布在基底层，呈浅棕色，比黑种人的小。

白种人的黑素颗粒最小，呈淡红色或红棕色，分布情况与黄种人相同，数量比黄种人少。

黄种人的肤色除了和黑色素有关，还和胡萝卜素类物质有关。它们主要分布在真皮和表皮细胞内，提供黄色的肤色背景。所以黄种人想要肤色通透白皙是比较困难的，不但要“打黑”，还要“扫黄”。

此外，血管中血红蛋白的色调也会影响肤色。身体健康、气色好的人的肤色是隐隐约约透出红润的白，而贫血或者大病初愈的人的肤色是不健康的苍白，这显然不是我们想要的。

以上这些表现都是和身体的内在因素有关，除此之外，还有一些外在因素也会对肤色起到一定的作用，特别是皮脂的量和光线在皮肤表面的反射、散射现象。

我们经常说“油光满面”，可见油和光是紧密相连的。如果皮脂分泌旺盛，光线的反射、散射作用就会使皮肤看上去比较暗沉，用清水洗脸之后肤色立刻会提亮，这就是典型的光线视觉效果。

油性皮肤的人如果中午没有休息好，下午的时候肤色往往会显得比较暗沉。所以有条件的时候就应该尽量午睡，哪怕打个小盹都好。

相反，干性皮肤的角质层缺油缺水，会导致皮肤黯淡无光。7~12 岁的儿童尤其是喜欢在户外运动的小女孩，经常给人脸色干枯的感觉，其实就是因为儿童的皮脂腺尚未充分发育，没有皮脂的分泌和滋润，皮肤看上去就黯淡无光。

干性皮肤的中年女性如果不注意保养，在更年期前后也会出现类似的现象，道理相同。

总结：肤色的影响因素多，机制复杂，美白要分层次、有针对性地进行。

7.2 你要的白是什么白

市场上琳琅满目的美白产品，其真实含义到底是什么？真的能像广告宣传的那样，让皮肤亮白、柔白、嫩白、激白、莹白、晶白、馨白、丝白吗？

汉字是如此博大精深，这样美好的词语还可以罗列一大堆，然而美白产品能达到这些奇妙的效果吗？

要讨论美白的真实含义，需要回到法律法规，看一看国家法规对美白是怎样规定的。

现行的监管体系并没有对美白下一个严格的定义，想说清楚美白，需要绕个圈子，先从祛斑开始说起。

根据 1991 年卫生部第 13 号令发布施行的《化妆品卫生监督条例实施细则》的规定，祛斑化妆品是指用于减轻皮肤表皮色素沉着的化妆品。要注意这里强调的是产品的用途，而不是产品的效果。

2013 年 12 月，国家食品药品监督管理总局发布《关于调整化妆品注册备案管理有关事宜的通告》，其核心内容之一就是规定：凡宣称有助于皮肤美白、增白的化妆品，纳入祛斑类特殊用途化妆品来管理，必须取得特殊用途化妆品批准证书后方可生产或进口。

之所以做出这条规定，和“杜鹃醇事件”有很大关系。杜鹃醇是日本 Kanebo 开发的一种美白原料，在日本市场导致大规模的白斑和色素脱失现象。

事件发生之后，监管部门和学术界形成共识：市场上大部分宣称美白的产品，与宣称祛斑的产品机制一致，风险共通。为控制风险，干脆就将美白纳入祛斑的范畴来管理。

那么，美白产品到底有没有效？

这是一个很难回答的问题：如果说没效，那就否定了化妆品研发人员的努力，消费者也接受不了；如果说有效，似乎又缺乏过硬的证据。

从皮肤学的原理来看，要美白就要淡化色素沉着，有效成分必须进入角质层甚至基底层发挥作用。它们进去之后有没有可能产生一些意想不到的效果（例如过度淡化黑色素）？其他成分会不会搭顺风车进去，导致隐患？这些都是未知数，杜鹃醇就是前车之鉴。

同样是特殊化妆品，防晒产品的风险比美白要低得多，原因就在于防晒产品停留在表皮就可以发挥作用，不需要进入皮肤。

所以，美白的有效性似乎是一个不太理直气壮的诉求宣称。这就导致了一个左右为难的困境：说它有效，没啥过硬的证据；说它无效，那就陷入了虚无主义的泥坑。

怎样才能够从这种两难困境中走出来呢？在 2019 年第三届中国化妆品国际高峰论坛上，原资生堂北美副总裁嶋田忠洋先生谈到了这个问题。

他说：现在有相当一部分消费者认为，所谓美白产品就是涂在脸上之后能让皮肤变白的产品。其实在日本法规中，美白化妆品被规定为“预防由日晒引起的色斑、雀斑”，与部分消费者所期待的能让皮肤变白的目的并不一致，需要引导消费者向正确的方向去消费和使用。

所以，美白的作用应该是定位在预防，目的是预防正常日晒造成的黑色素过度沉着和色斑，就像地震、台风、泥石流之类的预警。这些自然灾害的预防、预报、预警机制有没有用？当然有用。但是真要有大的自然灾难，死人难道不是正常的现象吗？

美白也是如此，日晒后皮肤变黑是正常的现象，只要晒得没有别人那么黑，美白就算是有效了。理性的消费者应该对美白抱一个合理的目标预期，不要指望用了美白产品之后能够神奇地让皮肤变得“晶莹剔透”“嫩透白”，否则就只能哭着说“广告里都是骗人的”。

总结：美白产品的作用是预防日晒造成的黑色素过度沉着和色斑，不要指望用了美白产品之后能够神奇地变白。希望靠一个成分或者一种产品就能够解决所有美白问题的偷懒思路，是不可取的，也是不现实的。

7.3　白里透红

美白是分层次的，这种层次感可以用白里透红来阐释（图 7.1）。

美白的第一个层次是白，即预防黑色素的生成以及减少黑色素的堆积，使肤色均匀。俗话说“白净无瑕”，首先要追求的是“净无瑕”，如果脸上有色斑，就感觉不干净有瑕疵；至于能不能“白”，那要尽人事看天意。

美白的第二个层次是透，即肤感通透，黄种人的角质层含有类胡萝卜素和血红素，在提供黄色肤色背景的同时会让肤感显得不通透。

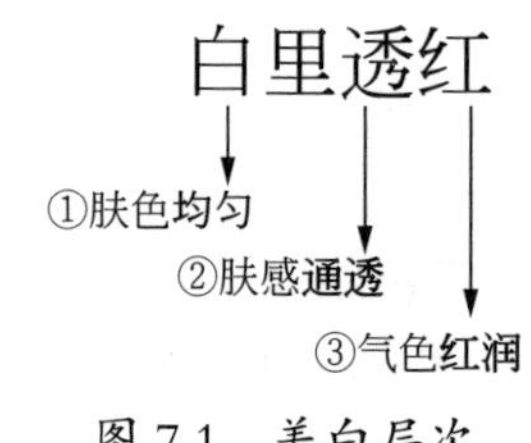

图 7.1　美白层次

然而无论是物理磨砂去角质还是非医美的化学刷酸焕肤[①]，在越来越多都市女性被皮肤敏感问题困扰的当下，实在不是什么好的选择。所以对通透感的追求只适合健康的油性皮肤，而且也要把握好尺度，不要过度破坏皮肤屏障。

美白的第三个层次是红，即气色红润，这是美白的终极追求，外用产品对此基本没啥作用，更多的是取决于先天的基因和后天的运动、饮食。例如，运动后的那种由内而外散发出来的红润感觉，绝非腮红之类的彩妆所能比拟，这种状态才是健康的白，才是美丽的白。

总结：美白是分层次的，由低到高依次是肤色均匀、肤感通透、气血红润。越高的层次，和护肤品的关系越小。

7.4 工厂、设备与面包

对肤色影响最大的因素是黑色素。抑制黑色素的生成，以及减少黑色素的沉积，是美白的主要途径。

黑色素到底是何方神圣？它是如何形成的呢？

要解释清楚黑色素的来龙去脉，就离不开黑素细胞和黑素小体（图 7.2），这几个概念之间的关系可以用工厂、设备与面包来形容。

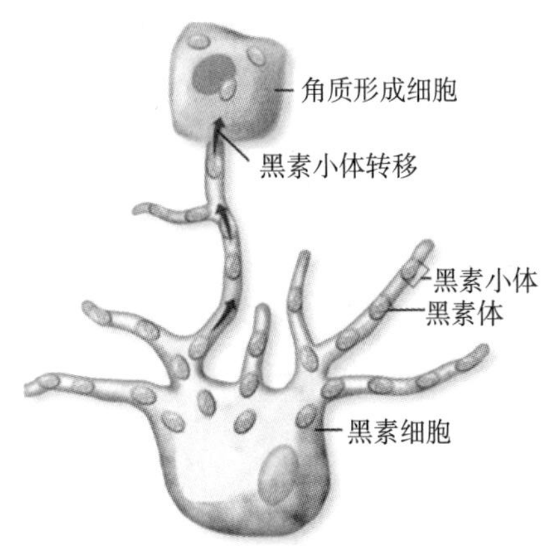

图 7.2 黑素细胞

黑素细胞（melanocyte）是一种位于基底层的细胞，就是图 7.2 中长着很多只触手的怪物。它是 3 个概念中最大的，好比是一家生产面包的工厂。

黑素细胞内有一个特殊的细胞器，叫作黑素小体（melanosome），负责生成黑素体，好比是工厂内负责生产面包的设备。

黑色素（melanin）是在黑素小体内生成的一种化学物质，好比是在设备上生产出来的面包。

黑色素充满黑素小体之后，就要发生转运和代谢，这个过程是怎么进行的呢？

---

① 焕肤：即医学术语“换肤”的医美界同含义词汇。

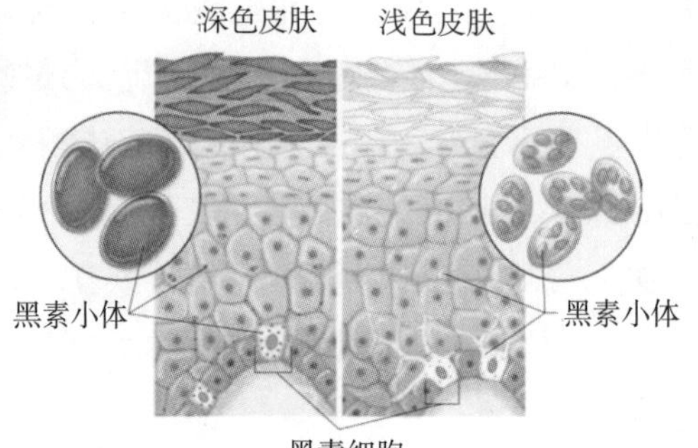

图 7.3　深色皮肤与浅色皮肤的黑素小体对比

从图 7.2 可以看到，黑素细胞上长了好多触手，这是黑素细胞与周围角质形成细胞间的连接管道，一个黑素细胞大约可以连接 36 个角质形成细胞。黑色素（黑素颗粒）会通过管道迁移到角质形成细胞，然后向外运动到角质层，并最终和角质层一起脱落。

不同人种的黑素细胞的数量基本相同，但是黑素小体的形态、大小、数量和分布差别很大。从图 7.3 可以看出，浅色皮肤的黑素小体比较小，颜色也比较淡，而深色皮肤正好相反。

总结：黑色素由黑素细胞内的黑素小体合成，黑素细胞、黑素小体和黑色素之间的关系可以用工厂、设备与面包来形容。

7.5　甜党与咸党

黑色素的合成过程非常复杂，图 7.4 是这个过程的简要描述。为了便于理解，可以用面包的制作过程来比喻。

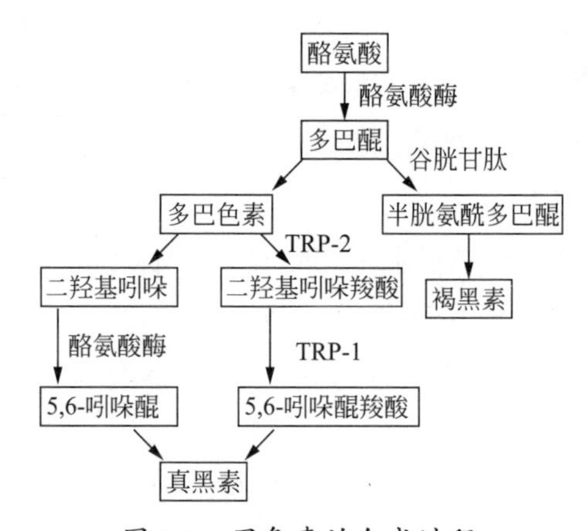

图 7.4　黑色素的合成过程

TRP-1 为二羟基吲哚羧酸氧化酶

TRP-2 为多巴色素互变异构酶

制作面包最主要的原料是面粉；合成黑色素最主要的原料是酪氨酸。

面粉要靠酵母来发酵；酪氨酸要靠酪氨酸酶来催化。

可口的面包还需要糖、盐、蛋、油等原料；合成黑色素还需要 TRP-1、TRP-2 等酶和其他原料的参与。

原料齐备就可以开始动手了。制作面包首先要将面粉发酵成面团；合成黑色素首先要将酪氨酸转化为多巴醌，这是非常重要的一种中间产物。

接下来多巴醌会兵分两路：一路转化为多巴色素，最终变成真黑素（也称为优黑素），通常说的黑色素就是真黑素，是决定皮肤颜色的主要色素。另一路转化为半胱氨酰多巴醌，随后变成褐黑素（也称为脱黑素）。它是一种含硫的黑色素，存在于人类的红色头发，鸟类的红色、黄色羽毛，以及猫、老虎等动物的黄褐色毛发中。

真黑素和褐黑素都是黑色素，只是颜色和分布不同，就像面包有甜有咸一样。

真黑素和褐黑素转运到周围的角质形成细胞，然后向外运动到角质层，就像面包要运到面包店，才能被顾客购买一样（图 7.5）。

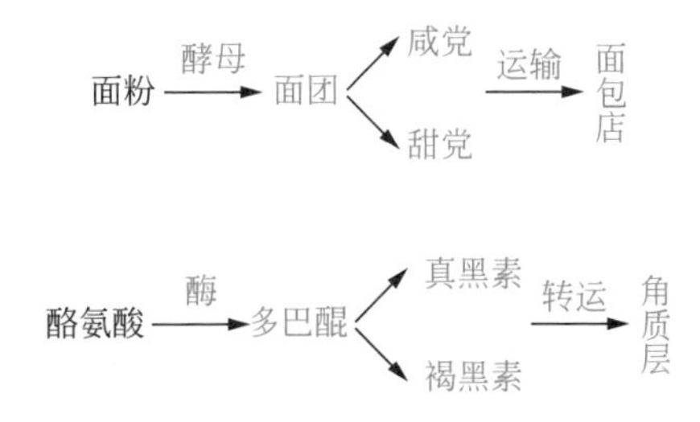

图 7.5　酪氨酸的酶催化过程

总结：酪氨酸在酶的催化下转化为多巴醌，随后变成真黑素和褐黑素。它们转运到角质层，最终随角质层的脱落而排出体外。

7.6　八仙过海　各显神通

黑色素的合成与代谢过程可以用图 7.6 来简单概括，美白的关键是抓住图中的几个点，特别是红色的要点。

酪氨酸 —酶→ 多巴醌 ——→ 黑色素 —转运→ 角质层

图 7.6　黑色素的合成与代谢

第一个关键点是酪氨酸，如果皮肤内没有酪氨酸，那就从源头抑制了黑色素的合成，一了百了。遗憾的是做不到，因为酪氨酸在食物中的含量很丰富，所以通过清除酪氨酸来减少黑色素的想法没有可行性。

第二个关键点是酶，特别是酪氨酸酶，它是黑色素合成过程中最重要的催化剂，大多数美白原料都围绕酪氨酸酶来做文章，例如熊果苷、曲酸、维生素 C 等。

然而需要注意的是，目前酪氨酸酶的研究多半是采用从双孢菇中提取的蘑菇酪氨酸酶，它和人的酪氨酸酶还是有一些差异的，所以对于研究数据要科学看待。

更重要的是，酪氨酸酶深藏于基底层的黑素细胞内的黑素小体内，美白原料想要针对它起作用，就要想尽千方百计，跨越千山万水，历经千辛万苦，这是美白产品见效慢甚至没有效果的重要原因。

第三个关键点是多巴醌，它是酪氨酸向黑色素转化过程中最关键的中间体，如果能把它破坏掉，也就没有黑色素的事情了。维生素 C 既可以还原多巴醌，又可以抑制酪氨酸酶的活性，所以在美白产品中使用非常广泛。

第四个关键点是抑制黑色素向角质形成细胞的转运。如果黑色素不能向外扩散，那它只能向内来到真皮层，在那里被分解。不过这种途径只能针对已经生成的黑色素，不能从源头减少黑色素的产生。

如果黑色素突破重围来到角质层，我们还有最后一招，就是加快角质层的代谢。角质层都脱落了，沉积在角质层的黑色素当然也随之而去。但是去角质有风险，这种“杀敌一千，自损八百”的招数还是少用为妙。

美白原料千差万别，但主要就是从这几个角度来起作用：减少黑色素的生成，好比是减少面包的生产；抑制黑色素的转运，好比是阻止面包运到面包店；加快角质层的代谢，好比是对面包店进行打劫。

由于黑色素的合成与代谢过程是动态的、连续的，需要多种美白成分复配使用，针对各个环节共同发力。不同成分的原理和效果各不相同，消费者可以优先选择成分多样、能覆盖到各个环节的产品。

以上是从化学和分子的角度来分析美白途径。如果我们把视角从化学转移到生物、从分子的层次上升到细胞的层次，美白的途径又不一样了。

黑色素从黑素细胞转移到角质形成细胞，并最终到达角质细胞。如果把观察角度从面包上升到工厂，那么减少面包数量的方法就更多了，例如工厂断水断电，甚至拆掉工厂，这些办法都可以打乱面包厂的生产。

目前，研究者们已经提出很多生物学上的美白途径，包括抑制黑素细胞的有丝分裂，通过多种信号途径调控相关蛋白的表达，通过各种旁分泌因子抑制黑素细胞的活化。这些解决方案都很炫，虽然目前基本处于实验室研究的阶段，但它代表了未来美白的发展方向。

总结：各种美白成分作用于黑素细胞的不同阶段，消费者可以优先选择成分多样化、覆盖到美白各个环节的产品，从而达到更理想的效果。

7.7 面包和蛋糕

熊果苷是一种很常用的美白原料，最早是从熊果的叶子里提取出来的，也叫作熊果素。名称中“苷”的字样表明它是糖的衍生物，它是氢醌（对苯二酚）与葡萄糖反应的产物，分子结构如图 7.7 所示。

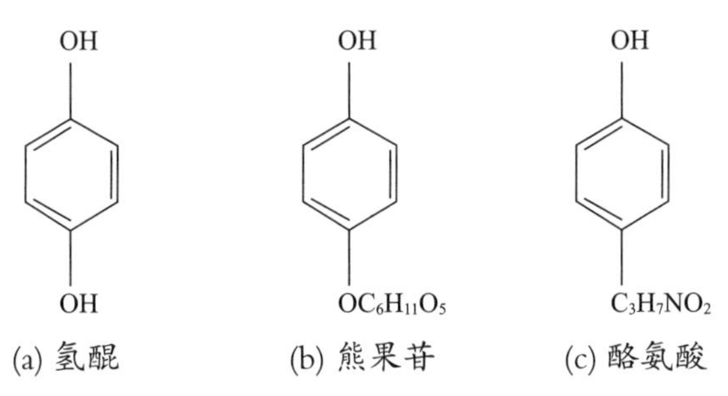

图 7.7 氢醌、熊果苷与酪氨酸的化学结构

从分子结构可以看出，氢醌、熊果苷的结构都和酪氨酸很像，也能被酪氨酸酶催化，所以它们可以和酪氨酸竞争，从而抑制酪氨酸酶的活性，减少黑色素的合成。

简而言之，面包厂原本只需要生产面包，没承想突然增加了生产蛋糕的任务，然而生产能力就只有这么大，要完成蛋糕的生产，必然要降低面包的产量。

同理，酪氨酸酶本来只要专心对付酪氨酸，把后者转化为黑色素就行了。熊果苷和氢醌横插一脚，酪氨酸酶就必须分兵，用于酪氨酸的兵力减少了，合成的黑色素自然也就少了。

从分子结构式来看，氢醌的分子更小，更容易吸收，美白祛斑效果更好。十几年前氢醌是可以用在美白护肤品中的，但现在已经不行了，原因是氢醌的美白效果好过了头，以至于会导致类似白癜风的白斑，所以现在被禁止用于化妆品。

化妆品厂家眼睁睁地看着这么好的原料没法用，当然不甘心。于是工程师们绞尽脑汁，找到了将氢醌转化为熊果苷的变通之道，既保留了美白活性，又降低了安全风险。

在成分表上有时候我们会看到熊果苷，有时候会看到 α－熊果苷，这两种结构和葡萄糖的差向异构现象有关。在相同的条件下，α－熊果苷的稳定性更高，而且对酪氨酸酶活性的抑制效果更好。换句话说，所有的熊果苷都是好的，但是有些熊果苷比别的熊果苷更好。

当然，光靠一种美白成分很难达到满意的效果，熊果苷也不例外。它只针对酪氨酸酶活性这个点起作用，所以推荐和其他不同机制的原料（例如烟酰胺、抗坏血酸）复配使用，多管齐下以达到更好的效果。

总结：熊果苷是一种很常用的美白原料，通过竞争性地抑制酪氨酸酶的活性，减少黑色素的合成。

7.8 曲折的曲酸

很少有美白成分像曲酸那样体验过如此坎坷的磨难，它经历了从平凡无奇到大红大紫，再到跌落深渊，最后重见天日的过程，仿佛人生一般充满着风风雨雨、起起落落、悲欢离合。

曲酸原本是食品添加剂，是用一种叫作曲霉的真菌对葡萄糖进行发酵得到的产物，存在于酱油、酒类等酿造物中，所以它的来历其实很平淡。

从 20 世纪 80 年代开始，曲酸被用作美白剂，它的机制非常明确，就是通过结合铜离子来抑制酶的活性。酪氨酸酶分子中有一个至关重要的铜离子，如果铜离子和其他物质结合了，酪氨酸酶就没办法发挥作用。

曲酸正是通过这种方式使酪氨酸酶失去活性，阻断黑色素的生成。它的机制简单明确，很快就成为继氢醌之后的又一个美白祛斑的知名成分，从此走上巅峰。

盛极必衰，氢醌如此，曲酸也不例外。由于含有杂质的曲酸会导致虾类和鳕鱼籽变黑，人们开始担忧它的安全性，特别是致癌性和生殖毒性。

1995—2003 年，日本健康科学研究所对曲酸进行了大量的实验，大部分结果是阴性的（表示不会致癌），但是也有少量令人担心的阳性结果。

再加上曲酸属于皮肤刺激物，会导致接触性皮炎，当厂家迎合消费者“快速见效”的需求，过量添加曲酸的时候，不良反应尤为明显。于是在 2003 年，曲酸被日本监管部门列入黑名单禁止使用。

幸运的是，经过反复讨论，2005 年日本解除了禁用限制，曲酸得以重见天日。研究结果认为：曲酸在合理的添加范围内是安全的，至于“合理的添加范围”是多少，目前没有明确的规定，建议用量不超过 1%。

除了刺激性，曲酸还有稳定性的缺陷。它怕光、怕热，容易氧化，还容易和金属离子结合。如何做出稳定的曲酸产品，对配方师挑战很大。

反过来说，敢用曲酸的都是艺高人胆大的人。目前使用曲酸的产品比较少，只有少数知名品牌敢迎难而上。

总结：曲酸通过结合铜离子来抑制酪氨酸酶的活性、减少黑色素的生成，它在合理的添加范围内是安全的，建议用量不超过 1%。

7.9　一步之遥

维生素 C 在化妆品原料目录中的正式名称叫作抗坏血酸，它不仅可以降低酪氨酸酶的活性，也可以还原黑色素生成过程中关键的多巴和多巴醌，还能够清除氧自由基，对美白、抗衰、抗氧化都有作用。

其他常用的美白成分基本上都是专一的选手，例如烟酰胺阻止黑色素向角质层转移，熊果苷抑制酪氨酸酶的活性，果酸加快角质层脱落。和这些成分相比，维生素 C 是一个多能选手，名称中不愧有 C 字，美白界的 C 位非它莫属。

然而这么优秀的人，却在离铁王座只有一步之遥的地方倒下，因为它有一个致命的缺陷：不稳定，容易氧化变色。苹果切开很快就可以看到颜色改变，原因就在于维生素 C（和其他酚类化合物）被氧化了。

由于维生素 C 容易变色，所以添加量基本不高，往往在 1% 以下，否则会影响膏体的颜色。因此维生素 C 可以作为成分含量排名的一个参考点，排名在它之后的成分的含量一般不会高于 1%。

为了解决维生素 C 不稳定的问题，配方工程师们提出两种思路。

第一种思路是避开水，如果没有水，维生素 C 就不容易被氧化。例如可以采用水粉分离的形式，产品包括一瓶溶剂和一管维生素 C 粉，用的时候把粉末加进溶剂里溶解，然后再涂抹上脸。

不过这种方式比较麻烦，而且容易出错，例如打一个喷嚏，粉末就不知道飞哪里去了。而且水溶性的维生素 C 很难被皮肤吸收，过量添加还会产生刺激。

将维生素 C 片磨成粉加在水里再涂抹的用法也不建议，道理同上，还不如直接吃维生素 C 片或者吃水果。

第二种思路是将维生素 C 转化为稳定的、不容易被氧化的衍生物，这些衍生物在酶的作用下会分解，释放出维生素 C，从而保留了原有的功效，又提高了稳定性。

常用的衍生物主要包括抗坏血酸磷酸酯钠、抗坏血酸磷酸酯镁、抗坏血酸棕榈酸酯、抗坏血酸葡萄糖苷、3- 邻 - 乙基抗坏血酸、抗坏血酸四异硬脂酸酯等。

总结：维生素 C 有多方面的美白作用。但是它在水中不稳定，容易被氧化，目前最常见的解决办法是使用它的衍生物。

7.10 是左还是右，这不是问题

美白广告经常会宣传产品中添加了左旋维生素 C，这个左旋维生素 C 到底是什么？

有左旋就有右旋，当我们用一种叫作偏振光的特殊的光打在分子上的时候，左旋分子会让偏振光向左旋转，用（－）表示；右旋分子则会让偏振光向右旋转，用（＋）表示。能让偏振光发生旋转的性质称为旋光性。

怎样完整表示出分子的旋光性是一个很复杂的问题，因为旋光性和分子的立体构型有关。要把立体的分子构型在平面上表示出来，就需要用统一规定的符号。目前是用 D/L 构型，L 是拉丁文 levo（左）的缩写，表示左型；对应的符号是 D（dextro），表示右型。

D/L 构型的区别主要在于生物活性不同，以维生素 C 为例，它有 4 种旋光结构：左型左旋、左型右旋、右型左旋、右型右旋。用于治疗坏血病的抗坏血酸必须是左型右旋，即分子构型为 L 型，旋光方向为右旋，比旋度为 +20.5°～+21.5°。

需要强调的是：D/L（左型 / 右型）符号是为了在平面上表示出分子的立体构型而人为规定的规则，与分子的旋光方向（左旋 / 右旋）无关。

但是很多人把分子构型与分子的旋光方向混淆了，以为 L 表示左（left）旋，于是 L- 抗坏血酸被误认为“左旋维生素 C”，实际上它是右旋的。

作为消费者，我们要不要纠结维生素 C 的左旋、右旋呢？

假如是治疗或者预防坏血病，当然是必须买左型右旋抗坏血酸，但如果对护肤来说纠结这个问题就没有必要了，因为监管部门并没有区分左旋或右旋，也不要求维生素 C 标注出旋光方向。

维生素 C 在《已使用化妆品原料目录》中的正式名称就是抗坏血酸，没有左、右旋之分。厂家宣称自己是左旋，消费者并不知道是真还是假，也没有可靠的方法来鉴别。所以没有必要纠结是左还是右，开心就好。

总结：被人所熟知的左旋维生素 C 是错误的说法，人体能利用的维生素 C 是左型右旋的结构。不过对护肤品来说，没有必要纠结维生素 C 是左旋还是右旋。

7.11 C 与 C 寻

维生素 C（抗坏血酸）的最大问题是不稳定，容易氧化，于是工程师们将它转化为衍生物，这些衍生物在酶的作用下会分解释放出维生素 C，从而提高了稳定性，又保留了原有的功效。

常用的维生素 C 衍生物主要包括抗坏血酸磷酸酯钠（SAP）、抗坏血酸磷酸酯镁（MAP）、抗坏血酸葡萄糖苷（AA2G）、3- 邻 – 乙基抗坏血酸（维生素 C 乙基醚）、抗坏血酸棕榈酸酯（AA–Pal）和抗坏血酸四异硬脂酸酯（VC–IP）。

由于维生素 C 衍生物的种类非常多，所以在使用范围上占了明显的优势。根据销售额统计，日本的美白产品中接近一半会用到维生素 C 衍生物，远远高于排名第二的传明酸。

面对这么多的维生素 C 衍生物，消费者不免要问：它们到底有什么不同？哪种才是最好的？

判断维生素 C 衍生物优劣最重要的标准是稳定性，如果稳定性没有改善，那么衍生物就没什么存在的意义了。

维生素 C 之所以不稳定，在于它的 C2 位和 C3 位的烯醇式结构（图 7.8 中蓝色数字部分）容易被氧化，提高稳定性的关键就是把 C2 位或者 C3 位保护起来。

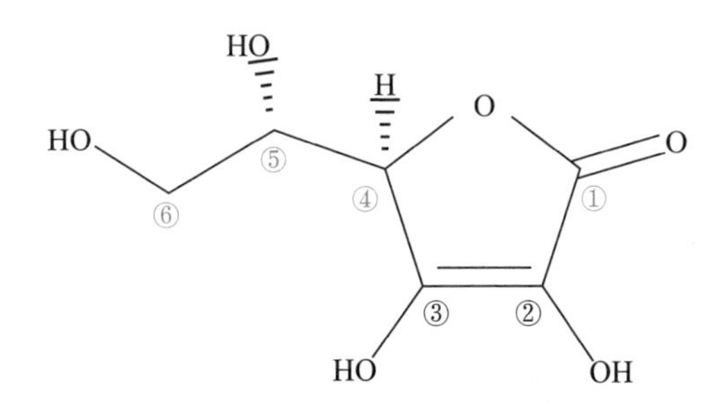

图 7.8 维生素 C 的化学结构

维生素 C 衍生物的另外一个判断标准是看它的功效，由于其衍生物进入皮肤后在酶的作用下解离，释放出维生素 C，所以要求衍生物有比较好的透皮吸收性。

总的来说，水溶性化合物的透皮吸收性比油溶性化合物差，所以衍生物的水溶性或者油溶性可以作为判断的参考标准之一。

下面用稳定性和透皮吸收性两条标准来评判各种维生素 C 衍生物。

1. 抗坏血酸磷酸酯钠（SAP）

抗坏血酸磷酸酯钠是将 C2 位的羟基转化成磷酸钠盐，稳定性大大增强。它在中性环境下比较稳定，在酸性环境下会水解。如果将维生素 C 和抗坏血酸磷酸酯钠加在一起，它们就会同归于尽，所以抗坏血酸磷酸酯钠不能和维生素 C（或者其他酸性成分）共用。

抗坏血酸磷酸酯钠易溶于水，透皮能力一般，不利于穿透角质层进入体内，这是它的不足之处，它和脂溶性的维生素 E 一起用比较理想。

2. 抗坏血酸磷酸酯镁（MAP）

抗坏血酸磷酸酯镁的结构和抗坏血酸磷酸酯钠相似，特性和优缺点也差不多，建议添加量是 3%，和 1% 的甘草提取物复配使用会有比较好的效果。所以在选择的时候，要看抗坏血酸磷酸酯镁的浓度和复配成分。

3. 抗坏血酸葡萄糖苷（AA2G）

抗坏血酸葡萄糖苷的结构也是将 C2 位的羟基保护起来，不过是和葡萄糖反应转化成葡萄糖苷。它的缺点同样在于透皮能力，因为维生素 C 和葡萄糖都亲水，所以抗坏血酸葡萄糖苷分子高度亲水，不利于穿透角质层进入体内发挥作用。

4. 3– 邻 – 乙基抗坏血酸（维生素 C 乙基醚）

维生素 C 乙基醚的结构是将 C3 位的羟基转化为醚键（图 7.9），醚键一边的乙基是亲油性的，另一边的维生素 C 是亲水性的，因此维生素 C 乙基醚具有既亲水又亲油的两亲特性，在配方中容易使用，又容易穿透角质层进入体内。

可以说维生素 C 乙基醚是迄今为止最好的维生素 C 衍生物：性质稳定，容易吸收，清除自由基以及抑制酪氨酸酶活性的效果和维生素 C 差不多，越来越受到配方工程师的青睐。

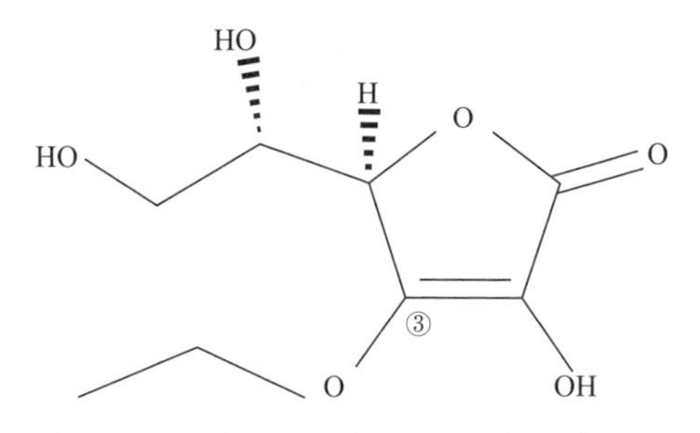

图 7.9 3- 邻 - 乙基抗坏血酸化学结构

5. 抗坏血酸棕榈酸酯（AA-Pal）

抗坏血酸棕榈酸酯是将 C6 位的羟基转化为棕榈酸酯，由于没有把最重要的 C2 和 C3 位的羟基保护起来，所以不稳定，受热或者光照条件下容易失效。目前，关于它的抑制酪氨酸酶活性的文献报道比较少，这意味着它的美白效果不怎么样。

虽然抗坏血酸棕榈酸酯不稳定，不过它有一个特殊的优点，那就是非常安全，是我国《食品添加剂使用卫生标准》中唯一可用于婴幼儿食品中的抗氧化剂。

6. 抗坏血酸四异硬脂酸酯（VC-IP）

这种成分是用异硬脂酸将 C2、C3、C5 和 C6 位的 4 个羟基全部保护起来，分子很稳定，不容易被破坏，而且从亲水性转化为彻底的亲油性，理论上大大增强了透皮能力；但是分子也变大了，相对分子质量高达 1130，这么大的相对分子质量对于透皮吸收有不利的一面。

这个成分是典型的精细化工产物，附加值非常高，1000 克食品级的维生素 C 售价才三五十元，但是变成抗坏血酸四异硬脂酸酯之后身价百倍，日本产的售价大概 7000 元，国内生产的也要 4000 元。

昂贵的价格制约了它的应用，添加这个成分的产品不多；有些产品即使添加，也是象征性地加一点点，作为一个营销卖点而已。

总结：用于美白的维生素 C 衍生物非常多，综合稳定性和透皮性两条标准来看，目前最好的成分是 3- 邻 - 乙基抗坏血酸（维生素 C 乙基醚）。

7.12 英雄不问出处

烟酰胺（niacinamide）是维生素 B_3 的一种，广泛存在于自然界，出身很平凡，价格比维生素 C 稍微贵一点，但是也没贵到哪里去。

然而英雄不问出处，是金子总会发光，烟酰胺这几年从平淡无奇一跃成为美白舞台上最闪亮的那颗星，接下来的几年估计还会继续大热。在市场调查中，烟酰胺占据了工程师最喜爱的美白原料排行榜头把交椅。

烟酰胺的美白机制比较简单，那就是阻止黑色素的转运。黑色素形成后，要从黑素细胞转移到周围的角质形成细胞，然后再移行到角质层，烟酰胺就是针对这个转运过程起干扰作用（图 7.2）。

也就是说，烟酰胺不针对面包厂（黑素细胞）起作用，而是在面包厂周围埋设地雷，不让面包运出去。黑色素不能向外转运，怎么办呢？那只能向内来到真皮层，在那里被吸收和代谢。

烟酰胺之所以广受追捧，除了效果之外，还和它的性质有关。它的性质稳定，不会变质变色；容易搭配，不挑剂型，所以受工程师喜爱。再经过市场的各种营销宣传，它自然就牢牢地占据了主导地位。

消费者在选择产品的时候，要重点关注烟酰胺的含量和纯度。烟酰胺各家都爱用，怎样才能杀出一条血路，凸显自己的亮点呢？最简单的办法当然就是堆料，你用 2%，我就敢用 5%，甚至 10%。

这样一来，消费者就纠结了，不但要看有没有烟酰胺，还要关心到底加了多少。也有一些喜欢钻研的人会寻根究底：烟酰胺究竟应该加多少为好？

烟酰胺不贵，即使是像瑞士龙沙集团或者荷兰帝斯曼集团这种顶级的供应商，所产的优质烟酰胺价格也就是在每千克 200 元以内，1 克烟酰胺才 0.2 元。一瓶 100mL 的乳液，烟酰胺的用量从 1% 提高到 2%，成本才提高了 0.2 元，这完全在厂家能够承受的范围内。

所以制约烟酰胺应用的主要原因不在于它的成本，而在于成本之外的其他技术因素。

烟酰胺的美白机制有两个特点：第一是可逆性，停用之后美白作用会逐步消失；第二是浓度依赖性，在一定的浓度范围内，美白效果与浓度呈正相关。

这个浓度范围是多少呢？临床文献中所用的烟酰胺浓度都不超过 5%[1-2]，个人推测可能是因为边际递减效应，高于 5% 不会有更好的作用。护肤品打个对折，用 2% 应该是一个比较稳妥的选择。

除了含量之外，纯度也是一个值得关注的点。以前国产的烟酰胺杂质比较多，容易刺激皮肤，所以国货品牌不敢把烟酰胺加得太高。近年来，国产原料的生产工艺在逐渐改善，现在也能推出浓度比较高的产品了。

但即使是这样，也不要片面追求高浓度，白种人能够接受，不等于黄种人也能够接受；别人的皮肤能够接受，不等于你的皮肤也能够接受。

网上有一种说法，认为烟酰胺遇到酸会反应释放出烟酸产生刺激。我个人对这种说法持保留态度，烟酰胺要转化成烟酸，pH 值至少要在 4 以下，这么低的 pH 值已经能够产生刺激。与其说烟酰胺变成烟酸，还不如直接说酸刺激皮肤，烟酰胺不担这个责。

烟酰胺能不能和果酸、水杨酸或者维生素 C 同时使用，要试过才知道答案。

无论是烟酰胺和酸共存于一个产品中，还是先用含有烟酰胺的 A 产品，再用含有酸的 B 产品，都要试过才知道结果，不放心的话可以先从 T 区用起，逐步建立耐受性。

烟酰胺还有一个让人比较纠结的地方，那就是有些人用了之后脸上出现毛发生长的现象，据说比例接近三成。这方面最有说服力的是 2005 年的一篇研究，用维生素 B_3 衍生物治疗女性脱发，涂抹 6 个月后发现头发丰满度有所提升[3]。

这种现象可能和烟酰胺腺嘌呤二核苷酸 (NAD^+) 有关，它是维生素 B_3 的主要生物活性形式，在细胞的能量代谢中扮演了重要角色；而毛囊组织增殖和毛发生长都需要能量，当毛囊区的组织遇到 NAD^+，能量就有了保障，毛发就顺利生长出来了。

当然，烟酰胺能不能从美白神器变身为防脱治秃神器，还需要综合考虑浓度、剂型，以及渗透到达毛囊区的概率。不是所有人用了烟酰胺都会长出毛发；如果脸上的毛发确实有变化，可以停用或者换成低浓度的产品。

总结：烟酰胺针对黑色素的转运过程从而发挥美白作用，其化学性质稳定，不容易变质变色。消费者在选择的时候要重点关注烟酰胺的含量和纯度。

参考文献

[1] GREATENS A, HAKOZAKI T,KOSHOFFER A, et al. Effective inhibition of melanosome transfer to keratinocytes by lectins and niacinamide is reversible[J]. Experimental Dermatology, 2010, 14(7):498-508.

[2] HAKOZAKI T, MINWALLA L, ZHUANG J, et al. The effect of niacinamide on reducing cutaneous pigmentation and suppression of melanosome transfer[J]. British Journal of Dermatology, 2015, 147(1):20-31.

[3] DRAELOS Z D, JACOBSON E L, KIM H, et al. A pilot study evaluating the efficacy of topically applied niacin derivatives for treatment of female pattern alopecia[J]. Journal of Cosmetic Dermatology, 2010, 4(4):258-261.

7.13 小白瓶及其他

自从小棕瓶概念大行其道之后，各家纷纷推出各种小 × 瓶，例如小白瓶、小绿瓶、小黑瓶之类的。下面以某品牌的各种烟酰胺小白瓶为例，对它们的配方简单地进行分析。

1. 某 A 精华露

其成分如下：

水、环五聚二甲基硅氧烷、己基癸醇、烟酰胺、1，2- 戊二醇、甘油、丁二醇、锦纶 -12、木糖醇、泛醇、抗坏血酸葡萄糖苷、生育酚乙酸酯、肌醇、天冬氨酸镁、葡萄糖酸锌、葡萄糖酸铜、植物甾醇 / 辛基十二醇月桂酰谷氨酸酯、一氮化硼、聚山梨醇酯 -20、聚二甲基硅氧烷 / 乙烯基聚二甲基硅氧烷交联聚合物、丙烯酸（酯）类 /C10-30 烷醇丙烯酸酯交联聚合物、苯氧乙醇、PEG-11 甲醚聚二甲基硅氧烷、聚丙烯酰胺、苯甲醇、十一碳烯酰基苯丙氨酸、氨甲基丙醇、C13-14 异链烷烃、EDTA 二钠、苯甲酸钠、黄原胶、月桂醇聚醚 -7、（日用）香精、云母、二氧化钛等。

下面对该产品的配方进行说明。

烟酰胺 + 抗坏血酸葡萄糖苷 + 十一碳烯酰基苯丙氨酸这个组合是该品牌最喜欢用的美白搭档，烟酰胺排名第四，含量在 3% 左右。

锦纶 -12 就是尼龙 -12，是一种高分子粉体，用量一般在 1%～2%，作为肤感调节剂和吸附剂可增加柔滑感，减少油腻感。

抗坏血酸葡萄糖苷在锦纶 -12 和苯氧乙醇（防腐剂，用量不超过 1%）之间，可见抗坏血酸葡萄糖苷的用量也是在 1%～2%。

十一碳烯酰基苯丙氨酸（商品名 Sepiwhite MSH）是一种美白成分，来自法国原料商赛比克集团。关于它的研究资料比较少，据称该成分能在多个环节抑制黑色素，它排在苯氧乙醇之后，用量不超过 1%。

接下来分析其他几种功效成分的用量。泛醇（维生素 B_5）和生育酚乙酸酯（维生素 E）的用量也是在 1%～2%。天冬氨酸镁 + 葡萄糖酸锌 + 葡萄糖酸铜（商品名 Sepitonic M3）是一个复配原料，也是来自赛比克，厂家的建议添加量是 1%～2%。

接下来再分析其他成分的用量。己基癸醇是增稠剂和助乳化剂，是鲸蜡醇的异构体，网上有传言说己基癸醇有美白作用，这是不对的。也有人说肌醇有美白作用，目前尚无资料支持这种说法。

乳化剂用的是赛比克 305，即聚丙烯酰胺 +C13-14 异链烷烃 + 月桂醇聚醚 -7，乳状液外观亮泽，柔软光滑，轻盈水润。

油脂的添加量不多，并且都是一些聚二甲基硅氧烷类的轻质油脂，所以不会感到油腻厚重，代价就是削弱了保湿力度；考虑到保湿成分仅用水溶性的多元醇，因此冬季的保湿效果肯定是不够的，后续要配合乳霜加强保湿，否则可能会出现干燥脱皮的现象。

加入一氮化硼、云母和二氧化钛这几种粉体的目的是暂时性的视觉改善效果，特别是二氧化钛，是自然界最白的物质之一，可以达到快速显白的作用。

总体来看，这款产品以烟酰胺 + 抗坏血酸葡萄糖苷 + 十一碳烯酰基苯丙氨酸为主体架构，烟酰胺为美白核心成分，没有猛料，是比较保险的配方，也对得起这个价格。

2. 某精华液

其成分如下：

水、烟酰胺、聚甲基硅倍半氧烷、聚二甲基硅氧烷、甘油、丁二醇、甲基葡糖醇聚醚 -20、糖海带（LAMINARIA SACCHARINA）提取物、十一碳烯酰基苯丙氨酸、尿囊素、泛醇、甘草酸二钾、丙二醇、聚二甲基硅氧烷醇、甘油丙烯酸酯 / 丙烯酸共聚物、PVM/MA 共聚物、聚山梨醇酯 -20、月桂醇聚醚 -4、丙烯酸（酯）类 / 异癸酸乙烯酯交联聚合物、EDTA 二钠、二甲基甲硅烷基化硅石、氨甲基丙醇、柠檬酸、苯甲醇、苯甲酸钠等。

与上一款精华露相比，这款精华液的核心成分少了抗坏血酸葡萄糖苷，但是提高了烟酰胺的含量，其仅次于水，估计为 5%。十一碳烯酰基苯丙氨酸的用量为 1%～2%。

该配方的防腐体系包括 3 类 4 种防腐剂，柠檬酸和苯甲酸钠的存在说明整体偏酸性，因此敏感性皮肤慎用。

有人说配方含有甘草酸二钾，具备舒缓效果，敏感肌也能用。这种说法好像有道理，其实仔细一想就发现它站不住脚。温和的产品根本就不需要加入甘草酸二钾，加甘草酸二钾的原因就在于产品偏酸性比较刺激。明知有刺激，敏感性皮肤为什么还要去试呢?

总体来看，这款产品以烟酰胺 + 十一碳烯酰基苯丙氨酸为主体架构，烟酰胺含量较高，配方有一定刺激性，敏感肌和初入门者慎用。

3. 某精华（美版）

其成分如下：

水、烟酰胺、1,2- 戊二醇、丁二醇、聚甲基硅倍半氧烷、棕榈酸乙基己酯、聚二甲基硅氧烷、十一碳烯酰基苯丙氨酸、硅石、一氮化硼、抗坏血酸葡萄糖苷、聚甘油 -2 油酸酯、葡糖基橙皮苷、聚二甲基硅氧烷醇、氨甲基丙醇、丙烯酸（酯）类 /C10-30 烷醇丙烯酸酯交联聚合物、聚甘油 -10 油酸酯、聚山梨醇酯 -20、苯甲酸钠、EDTA 二钠、苯甲醇等。

这款美版小白瓶的配方架构和第 1 种精华露高度重合，主打成分同样是烟酰胺 + 十一碳烯酰基苯丙氨酸 + 抗坏血酸葡萄糖苷，烟酰胺含量估计为 5%；配方中还加入了葡糖基橙皮苷，它是一种抗氧化、美白的成分；防腐剂体系同样是苯甲酸钠 + 苯甲醇 + 苯氧乙醇；保湿体系同样是二元醇 + 硅油。

总体来看，这款产品以烟酰胺 + 抗坏血酸葡萄糖苷 + 十一碳烯酰基苯丙氨酸 + 葡糖基橙皮苷为主体架构，烟酰胺为美白核心成分，估计是针对白种人的皮肤开发的，不一定适合黄种人用。

4. 某 10% 烟酰胺精华

其成分如下：

水、烟酰胺、1，2- 戊二醇、PCA 锌、酸豆（TAMARINDUS INDICA）籽胶、黄原胶、异鲸蜡醇聚醚 -20、乙氧基二甘醇、苯氧乙醇等。

从其名称就可以看出烟酰胺的含量为 10%，吡咯烷酮羧酸锌（PCA 锌）的含量为 1%。这是一款主打控油的产品，美白是控油的附带结果。因为油脂在光线的作用下发生反射和折射，容易让皮肤看上去显得比较暗沉。减少出油后，脸自然就白亮了，就像洗脸之后肤色会瞬间变得白皙一样。

该配方是二元醇保湿体系，没有油分，质地是透明蛋清状，不油腻但是黏黏滑滑的，上脸有胶水感，涂抹防晒霜之后会不舒服，因此一般夜用。

大多数人都不适合这么高浓度的烟酰胺，这款烟酰胺精华只适合已经用腻了 5% 浓度的资深消费者使用，其他人最好从低浓度用起，就算皮肤健康、屏障结构正常的油皮也不要着急入手这款产品。

5. 某 B 精华露

其成分如下：

水、半乳糖酵母样菌发酵产物滤液、烟酰胺、丁二醇、甘油三（乙基己酸）酯、甘油、1,2- 戊二醇、锦纶 -12、植物甾醇 / 辛基十二醇月桂酰谷氨酸酯、聚甲基硅倍半氧烷、一氮化硼、辛酸 / 癸酸甘油三酯、肌醇、泛醇、PEG-20 失水山梨醇椰油酸酯、云母、CI 77891、丙烯酸（酯）类 /C10-30 烷醇丙烯酸酯交联聚合物、苯氧乙醇、PEG-11 甲醚聚二甲基硅氧烷、聚丙烯酰胺、氨甲基丙醇、苯甲醇、十一碳烯酰基苯丙氨酸、C13-14 异链烷烃、EDTA 二钠、水解欧洲李 (PRUNUS DOMESTICA)、己基癸醇、苯甲酸钠、（日用）香精、月桂醇聚醚 -7、柑橘 (CITRUS RETICULATA) 果皮提取物、抗坏血酸葡萄糖苷、羟苯甲酯等。

这款小灯泡的配方架构和第 1 种精华露高度重合，主打成分同样是烟酰胺 + 十一碳烯酰基苯丙氨酸 + 抗坏血酸葡萄糖苷，烟酰胺含量估计为 5%，十一碳烯酰基苯丙氨酸和抗坏血酸葡萄糖苷不超过 1%。

该配方的乳化体系同样是聚丙烯酰胺 +C13-14 异链烷烃 + 月桂醇聚醚 -7；同样加入了一氮化硼、云母和二氧化钛（CI 77891）等几种粉体，起到遮瑕和提亮肤色的即时效果。

两款产品配方最大的不同在于这款小灯泡添加了半乳糖酵母样菌发酵产物滤液，有人说用了之后确实变白了，可能和这个发酵产物滤液有关，也可能和二氧化钛的遮瑕效果有关，当然还可能和昂贵的价格带来的心理作用有关。

总结：在选择烟酰胺产品的时候要重点关注含量和纯度，以及整体的配方架构，特别是防腐体系所蕴藏的信息。

7.14 传而明之

传明酸在药品中的正式名称是氨甲环酸，分子中有一个氨基，一个亚甲基，一个六元环，一个羧基（图 7.10），长得和赖氨酸有一点点像。

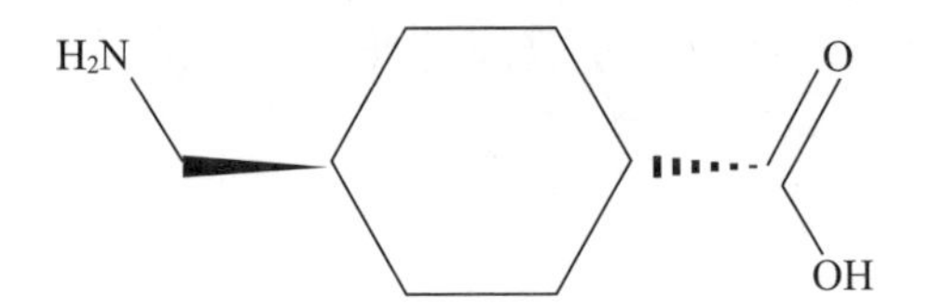

图 7.10　氨甲环酸的化学结构

作为药品，它的用途是凝血、止血，因此又得名凝血酸，这是它在化妆品原料中的正式名称。

除了止血外，它还有一个超说明书用药（off-label use），那就是治疗黄褐斑。超说明书用药指的是医生超出药品说明书适应证的范围来用药，例如用避孕药来治疗生理痘。

药品说明书的内容需要非常确切的证据，通常都会非常保守。医生根据相关文献、治疗经验等判断认为：超说明书用药对于患者有好处，就可以有条件地使用。

1979 年首次报道了口服氨甲环酸有治疗黄褐斑的作用，此后大量的临床文献也证实了它的有效性和安全性。所以有很多营销文章就借助这些科研结果来猛吹，尽管监管机构目前还没有批准它作为祛斑药物使用。

传明酸是商业名称，这个名字倒是非常形象地阐释了它的美白祛斑作用原理：通过信号传导，让皮肤变得明亮。

传明酸的美白祛斑机制比较复杂，要结合它的凝血机制来理解。人的身体有凝血功能，如果血管破裂了，血小板就要冲上去堵住缺口[1]（图 7.11（a））。

有时候单靠血小板还不能堵住出血，这就需要其他止血成分的帮助，纤维蛋白就是其中一种（图 7.11（b））。

然而，纤维蛋白有一个天敌，那就是纤维蛋白溶解酶，简称纤溶酶（plasmin）。纤溶酶可以结合赖氨酸，“剪开”纤维蛋白分子中含有赖氨酸的肽链，导致纤维蛋白溶解，无法止血（图 7.11（c））。

氨甲环酸长得和赖氨酸有点儿像，关键时刻可以挺身而出，把纤溶酶的火力吸引过来，通过与纤溶酶结合来保护纤维蛋白不被破坏，这就是它的凝血原理

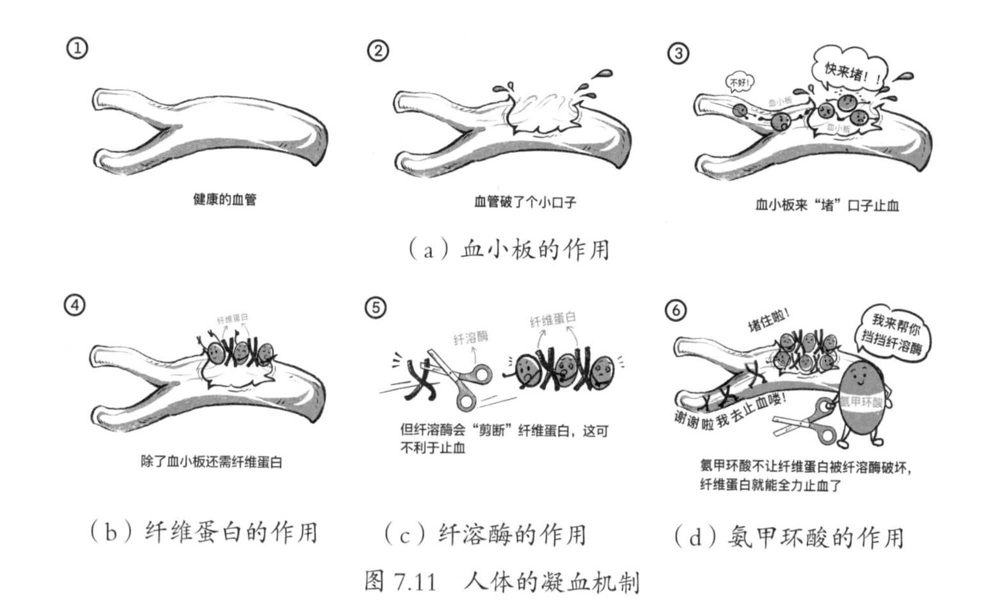

（a）血小板的作用

（b）纤维蛋白的作用　（c）纤溶酶的作用　（d）氨甲环酸的作用

图 7.11　人体的凝血机制

（图 7.11（d））。

纤维蛋白被分解液化的过程称为纤维蛋白溶解，简称纤溶；氨甲环酸抗击纤溶的作用称为抗纤溶。

纤溶和抗纤溶是相互矛盾的动态平衡，正常情况下，人体血浆中存在的不是纤溶酶，而是没有活性的纤溶酶原。只有在纤溶酶原激活物（plasminogen activator，PA）的激活作用下，纤溶酶原才能转变成有活性的纤溶酶。

纤溶酶原激活物是怎么来的呢？研究发现，紫外线或者炎症都可以诱导角质形成细胞合成纤溶酶原激活物，然后它会兵分两路：一方面可以诱导角质形成细胞的分化、生长和迁移；另一方面，纤溶酶原激活物将纤溶酶原活化为纤溶酶，后者又进一步诱导角质形成细胞继续合成纤溶酶原激活物[2]（图 7.12）。

总的结果就是使角质形成细胞、纤溶酶原激活物和纤溶酶形成一个自我激励的闭合循环（图 7.12 中蓝色阴影部分）。

纤溶酶除了会影响止血，也会影响黑色素的合成。如图 7.12 所示，它至少可以通过成纤维细胞生长因子、前列腺素 E_2 以及白三烯等几条不同的信号通路刺激黑色素的形成。

此外，纤溶酶原激活物也可以增加黑素细胞的树突的数目，从而加快黑色素的转运。

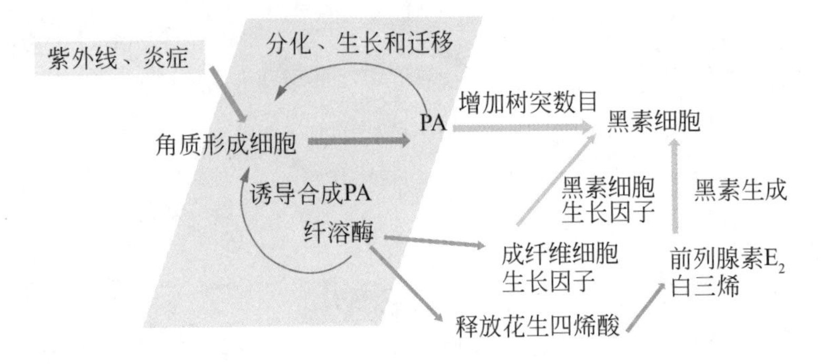

图 7.12　纤溶酶原激活物

那么，传明酸是如何起到美白祛斑作用的呢?

现在来看，关键还是落在纤溶酶上。在图 7.12 所示的机制中，很明显纤溶酶处于最核心的位置。当纤溶酶与传明酸结合之后，上游“角质形成细胞—纤溶酶原激活物—纤溶酶”这个闭合循环就被打破了，下游的信号通路也基本废了，黑色素自然就减少了。

实验结果显示，把传明酸和黑素细胞一起培养，酪氨酸酶的活性没有变化;但是把传明酸、黑素细胞和角质形成细胞一起培养的时候，酪氨酸酶的活性就下降了，这就证明传明酸不是直接针对黑素细胞起作用，而是作用于角质形成细胞，间接地干扰黑素细胞。

也就是说，传明酸并不是直接针对面包厂（黑素细胞）来下手，而是在面包厂旁边搞一个娱乐中心，吃喝玩乐全部免费，弄得面包厂的工人们无心上班。没有工人干活，面包自然就生产不出来了。

传明酸的优点和烟酰胺类似：稳定不变色（配方工程师喜欢）、温和低刺激（消费者喜欢）。它在日本是一个很受欢迎的美白原料，根据销售额统计，日本的美白产品中超过 10% 会用到传明酸，排名第二，仅次于维生素 C 衍生物。

目前，临床上关于传明酸的祛斑研究，基本上都是采用注射、口服、微针导入等方式进入人体，通过涂抹外用的报道不多。消费者不能因为它可以用作祛斑药物，就对它的外用美白效果寄予不切实际的期望。

总结：传明酸作用于角质形成细胞，间接地干扰黑色素的合成。

参考文献

[1] 冀连梅. 用了半个世纪的氨甲环酸，别因添加到牙膏中就给玩坏了！ [EB/OL]（2018-10-23）[2020-09-30]. 微信公众号“问药师”.

[2] TSE T W, HUI E. Tranexamic acid: an important adjuvant in the treatment of melasma[J]. Journal of Cosmetic Dermatology, 2013, 12(1):57-66.

7.15 杜鹃声里斜阳暮

杜鹃花酸和杜鹃醇都有抑制黑色素的作用，名字都带有杜鹃，其实和杜鹃鸟或者杜鹃花都没有太大联系，彼此之间也没有半毛钱的关系。

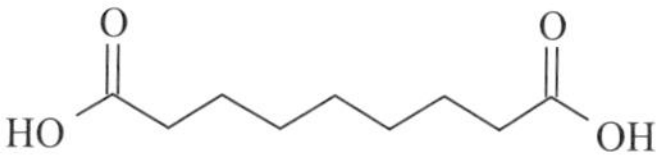

图 7.13 壬二酸的化学结构

杜鹃花酸又称壬二酸，分子结构如图 7.13 所示。它可以竞争性地抑制酪氨酸酶的活性，还可以减少黑素细胞的树突数量，从而影响黑色素的转运。

杜鹃花酸在临床上是一种很常用的皮肤脱色剂，经常用来治疗痘印、黄褐斑以及其他色素性疾病。它的安全性好，常见的副作用是轻度的皮肤刺激，例如局部发红、脱皮、烧灼，一般几周后会消退。

不过，杜鹃花酸在护肤品里面并不好用，和烟酰胺相比简直就是两个极端。

首先，它的分子中缺少亲水性强的基团，碳链又比较长，所以在水中溶解性不好，只能用于油腻的乳膏剂型，肤感不舒适。

其次，杜鹃花酸要在比较高的浓度下（10% 甚至更高）才有良好的效果，这么高的浓度对乳化体系有影响，配制比较困难。所以含有杜鹃花酸的护肤品不多，一般都是用在药膏或者乳膏中。

杜鹃醇和杜鹃花倒是有一点关系，它最早在白山杜鹃中发现，广泛存在于白桦木和杉木等植物中，分子的结构如图 7.14 所示。

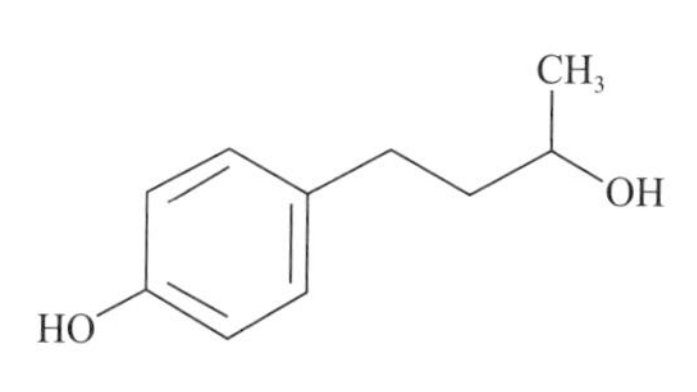

图 7.14 杜鹃醇分子结构

杜鹃醇和氢醌的相似之处非常多：结构相似，酚羟基的对位都有一个取代基；用途相似，可以用于治疗色斑；副作用相似，都会出现类似白癜风的白斑和不正常的色素脱失。

嘉娜宝首先将杜鹃醇用于美白产品，在日本火爆得不行，卖出了大概 460 万瓶产品。

与此同时，嘉娜宝也没有忽略中国。由于杜鹃醇没有在中国化妆品市场上用过，是一种新的原料，嘉娜宝就按规定提交新原料申请。资料递交到监管部门，负责新原料审批的专家们对着资料看来看去，没看出什么问题，但是谁都不敢下结论说杜鹃醇是安全的，因为细胞实验没问题，不等于动物实验没问题；动物实验没问题，不等于人体实验没问题；人体实验过去没问题，不等于将来没问题。所以专家们都不敢拍板放行，万一出了什么问题，那真是一世英名毁于一旦，跳进黄河也洗不清了。于是就决定先把申请放在那里，挂起来观察一下，看看情况再说。

这一等果然等到了问题，人们很快就发现杜鹃醇会导致皮肤出现白斑，嘉娜宝公司对外公布的数据是有 8000 多例，实际上远远不止这些，总数在 18 000~23 000 例。最后杜鹃醇这个原料被禁用，相关的化妆品下架或者召回，嘉娜宝公司受到严厉处罚，被花王收购并改名为佳丽宝。

正因为如此，日本整个化妆品行业对美白产品的开发态度都大为审慎，投入的资金急剧减少，过了好几年才缓过气来。

中国的化妆品监管部门也因此而改变监管思路，将美白产品纳入特殊用途化妆品的监管范围，“享受”和祛斑产品相同的“待遇”。

对消费者来说，应当从杜鹃醇事件中正确认识美白产品的效果，不要过分追求美白的功效，否则就可能走向极端，效果好过了头，出现像杜鹃醇之类的悲剧。

就像嶋田忠洋先生所说：美白产品的目的不是涂抹之后让皮肤变白，而是预防日晒造成的黑色素沉着和色斑。在其他条件相同的情况下，用了美白产品后没有别人那么黑，美白就算是有效了。

总结：杜鹃花酸和杜鹃醇都有抑制黑色素的作用，都有难以克服的缺点。

7.16　在对和邻之间

氢醌的分子结构和酪氨酸差不多，能“骗过”酪氨酸酶，让酶以为这就是酪氨酸，从而竞争性地抑制酶的活性，减少黑色素的合成，这就是氢醌的淡斑机制。

有类似作用的成分还包括覆盆子酮、酪醇和红景天苷。覆盆子酮的分子结构如图 7.15 所示，它的价格昂贵，主要用于食品和香料工业。

酪醇和红景天苷的分子结构如图 7.16 所示，酪醇与葡萄糖反应得到红景天苷，它们之间的关系就像氢醌和熊果苷一样。

这两个成分都没有收录在《已使用化妆品原料名称目录》中，用于化妆品的主要是红景天提取物。

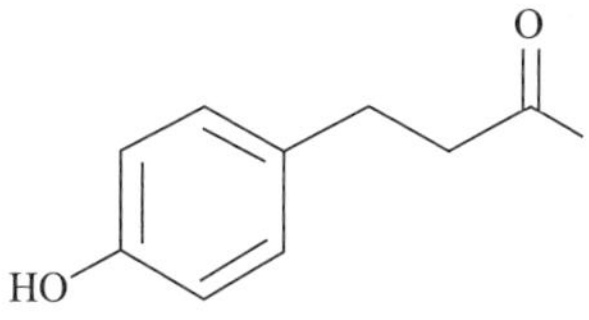

不过这里的门道也很多，首先红景天的品种有很多种，《已使用化妆品原料名称目录》就收录有大花红景天（*Rhodiola crenulata*）、红景天、玫瑰红景天、全瓣红景天、圣地红景天等不同品种；而《中华人民共和国药典》（2015 年版）只收录了大花红景天。按照该药典的标准，只有大花红景天才是正宗的红景天，其他都是李鬼。

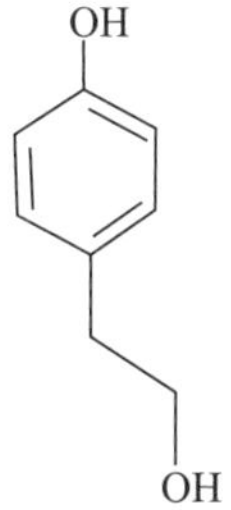

其次，提取物含量不清楚，提取物里面的有效成分的浓度也不好说，所以最终红景天苷的含量有多少那真是只有天知道了。

图 7.15　覆盆子酮的分子结构

酪醇　红景天苷

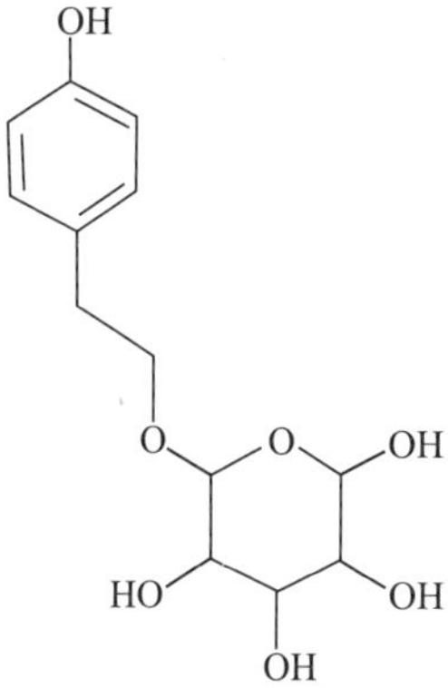

图 7.16　酪醇与红景天苷的分子结构

以某凝霜为例，其成分如下：

水、甘油、甘油三（乙基己酸）酯、鲸蜡硬脂醇橄榄油酸酯、山梨坦橄榄油酸酯、甘油聚醚-26、木薯淀粉、丙烯酰二甲基牛磺酸铵/VP 共聚物、1,2-己二醇、对羟基苯乙酮、生育酚乙酸酯、烟酰胺、C13-14 异链烷烃、月桂醇聚醚-7、聚丙烯酰胺、C10-18 脂酸甘油三酯类、凝血酸、姜根提取物、乙氧基二甘醇、月桂醇聚醚-23、PEG-40 硬脂酸酯、PEG-30 二聚羟基硬脂酸酯、甘油硬脂酸酯、乙基己基甘油、甲基异噻唑啉酮、辛酸/癸酸甘油三酯、大花红景天根提取物、苯氧乙醇、透明质酸钠、PPG-1-PEG-9 月桂二醇醚、柑橘果皮提取物、PEG-40 氢化蓖麻油、椰油醇聚醚-7、EDTA 二钠、四羟丙基乙二胺、芍药根提取物等。

该配方中用的是大花红景天根的提取物，说明是按照中国药典的要求来做的，值得表扬。然而提取物介于甲基异噻唑啉酮和苯氧乙醇两个防腐剂之间，说明有效含量不高，再考虑红景天苷在红景天提取物中的含量，最后算出来的红景天苷

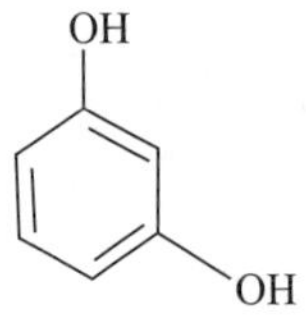

肯定很少。

把取代基团分别处于对位的分子查了一遍之后，研究人员还不满足，他们想：如果两个取代基团不是对位，而是在间位，那又会怎么样呢？

两个取代基所在的碳原子之间还隔了一个碳原子，这样的关系叫作间位，如图 7.17 所示的间苯二酚（商品名雷锁辛）的分子结构。

OH
OH

图 7.17 间苯二酚的分子结构

研究人员探索了对位和邻位，当然也不会放过间位。在《已使用化妆品原料名称目录》中，有一堆可以用于美白的间苯二酚衍生物，包括 4-丁基间苯二酚、苯乙基间苯二酚、二甲氧基甲苯基 -4- 丙基间苯二酚和己基间苯二酚。

这些原料中最为人熟知的是苯乙基间苯二酚，它由德国原料厂家德之馨开发，商品名是 377。这个成分在网上有很多夸大其词、胡乱吹嘘的推文，例如说它的美白效果是曲酸或者熊果苷的多少倍，这种比较其实没有任何意义，还是要根据它的特点来分析。

首先，监管部门规定它的用量不能超过 0.5%[1]。如果浓度太高，可能会造成接触性皮炎，出现皮肤红肿、瘙痒、疼痛等现象。

其次，除了控制用量，原料厂家还建议它和红没药醇共用，红没药醇这个成分用于舒缓镇定，其作用以及背后的隐藏含义与甘草酸二钾类似，此处不再赘述。

再次，苯乙基间苯二酚是一个油溶性成分，在水中微溶，易溶于多元醇和油脂。这其实是好事，有利于皮肤吸收，只是不受油性皮肤的年轻人欢迎，有些人会觉得产品质地偏厚，比较黏稠，类似于乳液。

最后，它在配方中的应用有一定局限性，特别是光照后容易变色，要避光并加入螯合剂以及其他抗氧化剂。

除了苯乙基间苯二酚之外，还有一个衍生物也值得一提，那就是 4-丁基间苯二酚，在日本称为 Rucinol（噜忻喏），使用范围也比较广。

这个成分的美白机制也是竞争性地抑制酪氨酸酶的活性，和苯乙基间苯二酚相似。它不溶于水，用量一般不超过 1%；易溶于乙醇（酒精）和大多数有机溶剂，所以在配方表中如果看到有酒精，大家也不要觉得奇怪，日本人在这一方面还是比较特立独行的。

总结：对位的覆盆子酮、酪醇和红景天苷，以及间位的间苯二酚衍生物都有抑制黑色素的作用。

参考文献

[1] 国家食品药品监督管理局关于批准 4-(1- 苯乙基)-1,3- 苯二酚作为化妆品原料使用的公告（第 71 号）[EB/OL].[2020-09-30].http://samr.cfda.gov.cn/WS01/CL0087/76529.html.

7.17 窄袖春衫甘草黄

甘草是使用最广泛的中草药之一，有“十方九草”之说。《已使用化妆品原料名称目录》中至少收录了 3 种甘草，分别是乌拉尔甘草、光果甘草和胀果甘草。如果没有特别说明，甘草就是指乌拉尔甘草。

这几种甘草的成分都非常复杂，主要活性成分是三萜类和黄酮类化合物，其中特别值得一提的是甘草酸和甘草亭酸。

在光果甘草中还有一种特有的成分，叫作光甘草定，它的含量高低可以作为光果甘草质量的评判标准。

甘草酸是甘草的甜味来源，它的生物作用很弱，不过在体内水解成的甘草亭酸（又叫甘草次酸）就比较厉害了。甘草亭酸的化学结构（五环三萜）类似于激素氢化可的松，是甘草主要的活性成分，可发挥抗炎、抗氧化、抗过敏、清除自由基等作用。

炎症过程会释放炎症介质，导致色素沉着，最典型的例子就是挤痘痘后容易留下红色或者黑色的印子。

甘草亭酸可以拮抗组胺等炎症介质，抑制炎症引起的色素沉着，从而达到美白亮肤的作用。此外，还能抑制毛细血管的通透性，对红血丝有较好的作用，在治疗激素依赖性皮炎的时候经常会用到。

和不太出名的甘草亭酸相比，光甘草定的风头就大多了。虽然都来自甘草，但它们的化学结构差别很大。甘草亭酸属于皂苷类，而光甘草定属于黄酮类，是甘草类黄酮的核心成分，只在光果甘草中存在。

光甘草定的价格极其昂贵，1000 克动辄 10 万元起步，所以赢得了“美白黄金”的名号。它的分子结构有一部分类似于间苯二酚，可以抑制酪氨酸酶的活性，减少色素沉着；同时还有强烈的抗炎、抗菌、清除自由基的作用。

甘草亭酸和光甘草定都是天然、绿色、无刺激的优秀原料，然而作为活性单体，它们很少直接加到化妆品中，一般都是用甘草提取物或者光果甘草提取物来代替它们。这可能和原料厂家推广力度不大、配方工程师不熟悉成分、文献较少等因素有关。

例如，甘草亭酸是否溶于水，不同文献的说法不一，有的说难溶于水，有的说可溶于水。这么基础的问题说法都不同，配方工程师自然是一脸懵了。

至于光甘草定又不同了，它在 2021 年之前甚至没有被收录到《已使用化妆品原料名称目录》中。原因当然不是它有什么安全问题，而是这个原料缺点突出。它非常昂贵且非常不稳定，光照下会降解，颜色变黄，很难让消费者接受。

当美白产品需要宣称光甘草定的“美白黄金”概念的时候，添加的要么是光果甘草提取物，要么是甘草类黄酮。光甘草定是甘草类黄酮的一种，所占比例大概是 11%；而甘草类黄酮又是光果甘草提取物中的主要有效成分，含量约占 3%。

所以，加了光果甘草提取物就相当于加了甘草类黄酮，而加了甘草类黄酮就相当于加了光甘草定；但是光甘草定最终的含量有多少，那就不得而知了。

以某修复霜为例，其全成分如下：

水、透明质酸、卡波姆、丁二醇、光果甘草根提取物、霍霍巴籽油、角鲨烷、聚甘油 -3、甲基葡糖二硬脂酸酯、抗坏血酸四异硬脂酸酯、神经酰胺 3、鲸蜡硬脂醇、泛醌、生育酚（维生素 E）、甘草酸二钾、尿囊素、氢化卵磷脂、（日用）香精、苯甲酸甲酯等。

该配方中光果甘草根提取物位列第五，排名比较靠前，但仔细一看，它在透明质酸和卡波姆（用量 0.1%～0.6%）之后，可见其含量不会很高，应该就是 1%。美白效果更多还是主要依靠后面的抗坏血酸四异硬脂酸酯、泛醌、生育酚等原料。

总结：甘草亭酸和光甘草定都是天然、绿色、无刺激的优秀原料，但它们很少直接加到化妆品中。

7.18　敏感肌也有春天

在黑色素的合成过程中，黑素细胞是工厂，黑素小体是生产设备，酪氨酸是面粉，酪氨酸酶是酵母，黑色素是生产出来的面包。

目前，抑制黑色素生成的主要思路，还是集中在酪氨酸酶这个关键点上。但是也有人不走寻常路，他们想：如果把工厂关掉甚至炸掉，岂不是就没有黑色素生产出来了吗？内皮素拮抗剂就是这样一种能干扰工厂运转、减少黑色素的成分。

内皮素（简称 ET）是一类多肽物质，能收缩血管，用于治疗心血管疾病。

它主要由血管内皮细胞分泌，所以叫作内皮素，后来被发现也可以由皮肤的角质形成细胞分泌。

内皮素与黑素细胞结合之后，能促进黑素细胞树突的形成，刺激细胞的分化增殖，提高酪氨酸酶活性，从而增加黑素生成，目前在临床上用来治疗白癜风。

从某种程度来说，内皮素和氨甲环酸很像：本来是用于治病，一个是止血凝血，一个是治疗心血管疾病；后来发现对黑素细胞有作用，一个是减少黑色素，一个是增加黑色素。

内皮素会刺激黑素细胞，增加黑色素。我们自然会想到：如果把内皮素对黑素细胞的刺激作用压下去，不就可以减少黑色素了吗？压制作用有一个专门的名称，叫作拮抗，用来压制内皮素的药剂，就叫作内皮素拮抗剂。

在黑色素的形成过程中，酪氨酸酶、二羟基吲哚羧酸氧化酶、多巴色素互变异构酶和内皮素合称“三酶一素”，与黑色素的形成密不可分。和传统的三酶（特别是酪氨酸酶）抑制剂相比，内皮素拮抗剂在效果和安全方面都有独特的优势。

传统的酪氨酸酶抑制剂如熊果苷，需要跋涉万水千山才能在体内发挥美白作用：从角质层外一直穿越到表皮深层，然后进入黑素细胞，再进入黑素小体。

内皮素拮抗剂则不同，它不是直接作用于黑素小体内的酪氨酸酶，而是通过抑制内皮素对黑素细胞的刺激，来干扰黑素细胞正常运转，达到美白的效果。它不需要进入黑素细胞，更不需要进入黑素小体内，在黑素细胞外就能发挥作用，所以理论上能更快地发挥作用，而且不会导致细胞毒性（损伤黑素细胞）。

内皮素家族包括 ET-1、ET-2、ET-3，自然地，内皮素拮抗剂也有很多种。并非每种内皮素拮抗剂都可以发挥美白的作用，例如 Sigma 公司的 PD145065 能拮抗内皮素的收缩血管作用，但不能抑制黑素瘤细胞的增殖[1]。

于是研发人员想尽办法，寻找可用于美白的内皮素拮抗剂原理和成分。目前，最让人兴奋的成果是发现在洋甘菊提取物中有适合美白的内皮素拮抗剂，这对敏感肌来说可是一个大好消息。

很多美白原料用在产品中的时候，配方对皮肤多多少少都会产生刺激，最典型的就是果酸，此外高浓度的维生素 C（抗坏血酸）、杜鹃花酸、苯乙基间苯二酚（377）、烟酰胺和水杨酸等也是如此。在敏感性皮肤越来越常见的当下，如何开发适合敏感性皮肤的美白产品，是一个棘手的难题。

众所周知，洋甘菊具有抗炎抗过敏、舒缓镇定、减少刺激的作用，如果确定它含有适合美白的内皮素拮抗剂，那就是说它可以起到美白 + 抗敏的双效作用，敏感肌也迎来了美白的春天！

话又说回来，由于内皮素拮抗剂的研究资料很少，原料厂家对技术保护得严严实实，让人很难判断其真实效果。

即使就洋甘菊提取物而言，也是有不少套路的。众所周知，洋甘菊至少分3种，即德国洋甘菊、罗马洋甘菊和摩洛哥洋甘菊。德国洋甘菊的植物学名为*Matricaria chamomilla*，在《已使用化妆品原料名称目录》中称为母菊（Chamomilla Recutita），目前只见到关于德国洋甘菊提取物有拮抗内皮素的报道[2-3]，所以在选择相关产品的时候，一定要仔细查看成分表，确定有“母菊”的字样。

此外，它的用量应该尽量高，在成分表的排名应该尽可能靠前，这样才具有发挥作用的现实条件。

假如是针对敏感性皮肤的，产品应该尽量避免香精香料，因为不少香精成分对皮肤有潜在的致敏风险，敏感肌的护理还是应该以安全为第一。所以要选择无香的，代价就是要适应洋甘菊比较独特的气味；当然，反过来说，如果洋甘菊的气味很浓郁，说明含量不低，这也是好事。

总结：德国洋甘菊提取物有拮抗内皮素的作用，在效果和安全方面有独特的优势，特别适合敏感肌的美白需求。

参考文献

[1] 江志洁，朱育新．黑色素形成机制的新概念及复合美白剂的应用[J]. 日用化学品科学，1998(4):3-5.

[2] IMOKAWA G. Melanocyte activation mechanisms and rational therapeutic treatments of solar lentigos[J]. International Journal of Molecularences, 2019, 20(15):3666.

[3] IMOKAWA G, KOBAYASHI T, MIYAGISHI M, et al. The role of endothelin-1 in epidermal hyperpigmentation and signaling mechanisms of mitogenesis and melanogenesis [J]. Pigment Cell Research, 2010, 10(4):218-228.

7.19 吃黑变黑，吃白变白吗？

中国文化讲究取类比象，落实到吃吃喝喝，就是以形补形，吃啥补啥：看到老虎很威猛，就觉得虎鞭可以壮阳（其实并没有）；木瓜像是悬垂的乳房，就觉得木瓜可以丰胸（其实也没有）；穿山甲能穿土打洞，一定有通经络的功效（其实还是没有）。

可怜穿山甲这个已经生存了 4000 多万年的古老物种，在吃啥补啥的阴影下，几十年时间里被吃得快要灭绝了……

这种吃啥补啥的思维在美容护肤中，就变成吃黑变黑，吃白变白，例如经常看到网上说燕窝、珍珠粉能让人变白，而咖啡、可乐会使人变黑。

其实稍微想一想就能找到反例：淮河以南的中国人长期以白米饭作为主食，没见南方人皮肤白到哪里去；美国的白人天天喝咖啡、喝可乐，也没见到人家的肤色变黑呀！

关于肤色和食物的说法，流传最广的就是不能喝酱油，不能吃蘑菇。

先说蘑菇，它和黑色素的相关之处，估计就是双孢蘑菇中有蘑菇酪氨酸酶，可以代替人酪氨酸酶来做黑色素的实验。问题是蘑菇吃到肚子里，是进入到消化道，离皮肤还有十万八千里呢；再说蘑菇酪氨酸酶和人酪氨酸酶的活性差别也是很大的，所以不能因为蘑菇有酪氨酸酶，就觉得它会增加黑色素。

至于说酱油，目前有观察到饮食偏咸、偏辣、偏油腻的人，嘴唇周围的颜色可能会比较深（图 7.18），除此之外，尚无明确的证据证明酱油和肤色有关系。当然，酱油吃多了对健康会有负面影响，这是毋庸置疑的。

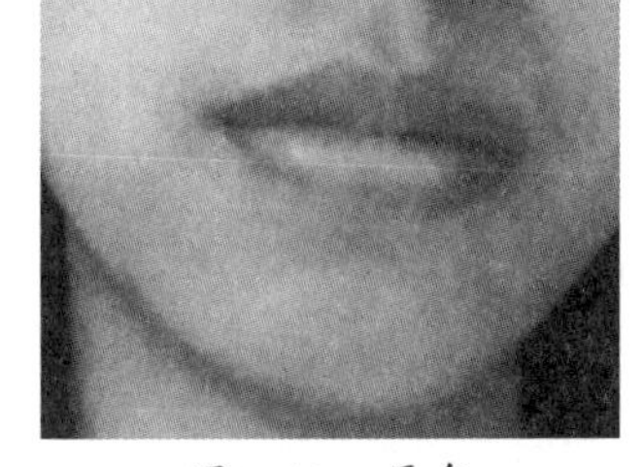

图 7.18　唇色

有没有哪些食物确实会影响肤色呢？

有！会影响肤色的食物，最常见的就是南瓜和胡萝卜。这两种食物都含有胡萝卜素，如果长期、大量地摄入，胡萝卜素会沉积在皮肤，让肤色发黄。

当然，也不用过分担心，停止摄入之后肤色还是会慢慢变回原来的样子。所以想要肤色白皙，富含胡萝卜素的食物不能吃太多。

吃白变白是不科学的，和它相似的一个说法“以白养白”倒是有那么一丁点儿合理性。宋代《太平圣惠方》收录一味名为“七白膏”的药方，是将白蔹（30g）、白术（30g）、白芷（30g）、白芨（15g）、白芍（0.9g）、白附子（0.9g）、白茯苓（0.9g）打成细粉，洗脸后取 8g 左右，用鸡子白（即鸡蛋清）加温水调和涂抹，10～20 分钟后用清水洗净。

方中的 7 味药材均带有“白”字，故称七白膏，久用可起到提亮肤色、遮掩色斑的功效，古代妇女常用它来改善黄褐斑。不过，由于白芷在光照后会导致接触性皮炎，现在化妆品中已经禁用这个原料了。

有没有别的白色的玩意儿，可以涂抹在脸上起到美白作用呢?

也是有的!

比较安全靠谱的是牛奶和酸奶。牛奶中含有 β－乳球蛋白，能抑制黑素细胞的活性；它还是一种高效的营养剂，可促进皮肤的再生和更新[1]，所以民间常有牛奶敷脸可以亮肤增白的说法。

不过 β－乳球蛋白的相对分子质量比较大，高达 18 000，透皮吸收比较困难，所以不要指望用几次就能快速变白。长期坚持用牛奶敷脸洗脸，把它作为一种增加生活情趣的方式，总会有效果的。

酸奶要选择含有活乳酸菌的，因为乳酸菌会把乳糖转变成乳酸，这是一种果酸，可以加快角质代谢，理论上也有美白的效果。

总结：吃黑变黑、吃白变白是没有根据的无稽之谈；含有胡萝卜素的食物会让肤色变黄；牛奶会让肤色变白。

参考文献

[1] 王建新．化妆品天然成分原料手册 [M]. 北京：化学工业出版社，2016.

7.20 高风险的美白针

根据法规定义，化妆品的用法只限于涂抹、喷洒等外用方式，所以注射与口服的产品不属于化妆品。但是经某些女明星大肆宣传之后，很多人对美白针和美白丸感兴趣，所以有必要谈一谈。

美白针是将一些可以抑制黑色素的药物注射进体内，常用的药物有维生素 C（抗坏血酸）、氨甲环酸（凝血酸）、谷胱甘肽等。前两种已经介绍过了，这里着重介绍谷胱甘肽。

谷胱甘肽是由谷氨酸、半胱氨酸以及甘氨酸组成的小分子肽，所以有这么一个拗口的名字。谷胱甘肽是人体重要的抗氧化剂，能够清除自由基，会随着年龄的增长而减少。

作为药物，它主要用于慢性乙肝的保肝治疗；作为美白成分，它的机制主要是促进褐黑素的合成（图 7.4）。

酪氨酸生成多巴醌之后会兵分两路：一路变成黑色的真黑素，它是皮肤显黑的主要原因；另一路转化为半胱氨酰多巴醌，随后变成红色的褐黑素。

很明显，真黑素和褐黑素是此消彼长的关系，褐黑素多了，真黑素自然就少了，肤色也就没那么黑了。而谷胱甘肽可以促进多巴醌转化为褐黑素，从而减少真黑素，间接起到美白的作用。

此外，作为抗氧化剂，它可以清除过多的自由基，也有助于减少黑色素的生成。

遗憾的是，无论是涂抹、注射还是口服，人体对外来的谷胱甘肽的利用都很低。而从安全性的角度来说，药物成分经静脉注射进入人体后，万一发生副作用，风险比口服和外用要严重得多，美国 FDA 就曾经为此发出安全警示，提醒消费者需谨慎使用。所以建议谨慎对待美白针的宣传，没事不要瞎折腾。

总结：美白针收益不大，风险不小，没事不要瞎折腾。

7.21 美白丸与褪黑素

美白丸的成分和美白针差不多，也是维生素 C（抗坏血酸）、氨甲环酸（凝血酸）和谷胱甘肽，此外还经常添加半胱氨酸、其他维生素（例如维生素 E、维生素 B_3、维生素 B_5、维生素 B_6）、号称抗氧化或抗糖化的成分（例如辅酶 Q10、SOD、虾青素等），以及各种玄而又玄的植物提取物。

谷胱甘肽在水中极其不稳定，于是研究人员开发出针剂和口服的产品。然而，注射的谷胱甘肽很快就会被分解掉，口服的也好不到哪里去：有临床研究显示，吃了谷胱甘肽之后，体内谷胱甘肽的水平要么基本不变[1]，要么干脆降低了[2]。

有公司向欧洲食品安全局 (European Food Safety Authority，EFSA) 提交申请，要求认可“口服半胱氨酸能改善皮肤”的功能宣称，EFSA 认为证据不足，驳回申请。

总体来说，涂抹、注射和口服谷胱甘肽的意义都不大。想利用好谷胱甘肽，最好的办法是养成良好的生活方式（不抽烟，不喝酒，不熬夜，均衡饮食，规律运动，充足睡眠），减少自由基的生成，降低谷胱甘肽的损耗。

再以半胱氨酸为例，如果人体缺少半胱氨酸，口服美白丸可能会有效果；但是大部分人从食物中都能获得足够的半胱氨酸，额外增加也没什么意义。

美白丸能不能美白，关键是看人体对它的吸收利用，目前尚未有美白丸能够美白的证据。所以，与其吃美白丸，不如多吃新鲜的水果蔬菜，更便宜也更安全。

美白丸常见的副作用有两方面：一是口服氨甲环酸会引起月经量的减少（凝

血）；二是植物提取物特别是大豆异黄酮会影响月经或者爆痘。除此之外，美白丸的安全性总体来说是可以的。

和美白丸这种无功无过的保健品相比，褪黑素在美白功效方面稍微靠谱一点，副作用也更大。

褪黑素又称褪黑激素，从名字就可以看出，它属于激素，是人体本身就有的成分，由人的松果体产生。它的主要作用是调节睡眠（例如帮助倒时差），而不是治疗失眠。

已经证明褪黑激素能引起蛙和鱼类皮肤的黑素细胞萎缩，减少黑色素生成，使动物的皮肤迅速变白，但是对哺乳动物有没有同样的作用，目前学术界还存在分歧，而且它属于保健品，学者们没法在正式的场合来宣传。

褪黑激素有副作用，特别是在情绪方面，例如性欲减退，内心毫无波澜。所以不能为了治疗失眠或者美白而吃褪黑激素，特殊人群包括孕妇、老人、小孩更不推荐使用。

总结：美白丸之类的保健品不是药品，只是弥补膳食不足的不得已之举。效果越强，副作用越大。

参考文献

[1] JASON, ALLEN, RYAN D, et al. Effects of oral glutathione supplementation on systemic oxidative stress biomarkers in human volunteers [J].Journal of Alternative and Complementary Medicine ,2011,17(9):827-833.

[2] FLAGG E W, COATES R J, ELEY J W, et al. Dietary glutathione intake in humans and the relationship between intake and plasma total glutathione level[J]. Nutr Cancer, 1994,21(1):33-46.

7.22 先问是不是，再问为什么

大 S 在《美容大王》里说：“任何美白产品的成分里，只要有熊果素这个成分在，就都不能在白天使用！熊果素虽然有美白效果，却也有吸光效果，如果白天用很容易让你变得更黑……后来问了医生才知道，含有熊果素的美白产品必须在夜间使用。”[1]

于是熊果苷（素）不能白天用，否则会越用越黑的说法深入人心。逐渐地，其他美白成分也被扣上类似的帽子，例如维生素 C 有光敏性或者感光性，白天不能用，否则会烂脸，就连口服也不行。

传来传去，最后变成美白产品白天都不能用；甚至还有人对所有的护肤品都战战兢兢，生怕里面的某些成分有光敏性，遇光发生反应伤害皮肤。

从字面上看，光敏性是指对光敏感。这个说法简单易懂，但是要把它说清楚却不容易。关键要搞明白：是谁，接触了什么光，发生了什么反应，产生了什么后果。只有把这些问题厘清之后，我们才能对光敏性建立一个正确、完整的概念。

光敏性的第一种含义是对光不稳定，见光易分解，这种含义基本上是化学的范畴。中学化学都讲过溴化银见光分解的性质，胶卷在拍照之前是不能曝光的，否则就报废了，这就是典型的光不稳定。

光不稳定的美白成分包括苯乙基间苯二酚（俗称 377）、光甘草定、曲酸和脱氧熊果苷（它与熊果苷不是一回事）。

这些成分白天能不能用?

当然可以用，不过不建议在白天用。它们只是不稳定，但不会产生严重的副作用，最大的副作用是白费钱。

还有一些美白成分在空气中不稳定，无论有没有光照，例如维生素 C。不能说维生素 C 有光敏性，最多只能说光照会加快维生素 C 的氧化。所以白天是可以用维生素 C 的，它的衍生物更加可以用。

有些人用了之后皮肤看起来发黄，并不是皮肤真的变黄，而是维生素 C 氧化后的颜色，洗干净就没事了。

光敏性的第二种含义是生物的范畴，指有些物质本身无毒无刺激，但是在接触阳光之后会对皮肤产生毒性或者刺激性，例如出现瘙痒、红斑、水肿、水泡。

有这种光敏性的成分在化妆品中基本上都属于限用或者禁用原料，最典型的是白芷，它是古代祛斑药物七白膏的成分之一，由于白芷含有呋喃香豆素，光照后会导致接触性皮炎，现在化妆品中已经禁用这个原料了。

此外，化学防晒剂二苯酮 -3 也有光敏性，必须在标签上标注“含二苯酮 -3”。

有这种光敏性的成分还包括精油，常见的是佛手柑、柠檬、莱姆、苦橙等柑橘类精油[2]。可能的话应尽量避免使用这些精油，如果无法避免，在使用后的几天内不要接受强烈的紫外线照射。

大 S 的书中提到美白产品越用越黑的现象，这是怎么回事呢?

从常理来说，正规的美白产品不太可能出现这种现象，因为和紫外线的作用比起来，美白产品的那点抑制效果简直可以忽略不计，所以只会越晒越黑，不会越用美白产品越黑。

如果真的出现这种现象，要么是防晒工作没有做好，要么是某些成分的视觉效果，例如前面提到的维生素 C 发黄，或者是油脂在光线作用下导致肤色看上去暗沉。

但是医美药物是有可能越用越黑的，最常见的是高浓度果酸，它具有快速剥脱角质的功效。角质层脱落后，沉积在角质层中的黑色素也随之脱落，从而产生美白的效果。

黑色素是机体对紫外线照射的一种自我防御机制，黑色素减少了，皮肤对紫外线的抵抗力就变差。光照后黑素细胞就会开足马力，补偿性地产生黑色素来抵御紫外线，导致肤色反弹，甚至会引发一系列的皮肤问题。

换句话说，高浓度的果酸容易导致角质层过度剥落，反而降低了皮肤的光保护作用，增加了皮肤对紫外线的敏感性。

医美药物和美白护肤品的区别就在于功效的快慢，美白护肤品的作用速度是比较慢的，黑色素又是一个连续、动态的生成过程，前方有一点点黑色素的损失，基底层的黑素细胞很容易就把这点缺口给弥补上了。

但是美容药物的速度是非常快的，所以使用高浓度果酸焕肤后一定要避开强烈的阳光，否则就是白费功夫，还有可能导致负面效果。

焕肤用的高浓度果酸属于医美范畴，而化妆品中的果酸最大允许浓度是 6%，pH 值要高于 3.5。那么，含有果酸的化妆品是不是只能晚上用？用了之后要不要避光？答案是因人而异，具体情况具体分析。出于安全的考虑，建议只在晚上用，白天出门打伞，做好防晒。

维 A 酸类药物（全反式维 A 酸、异维 A 酸、维胺脂、阿达帕林、他扎罗汀等）、维 A 酸的衍生物（视黄醛、视黄醇及其酯）在用法上与果酸类似：建议只在晚上用，白天出门打伞，做好防晒。

最后要说明的是，光敏性的光是指阳光或者能量足够强的紫外线；而普通的照明灯光（例如白炽灯、日光灯、LED 灯）以及手机、计算机、电视屏幕的光中紫外线含量低，基本可以忽略不计。有些人在使用维 A 酸类药物时，不敢开灯，不敢看计算机、看手机，这又太极端了。

总结：光敏性有很多种类型，要根据具体的成分和原理来判断能否在白天使用。维生素 C、熊果苷、烟酰胺、传明酸这些美白成分在白天都是可以用的。

参考文献

[1] 徐熙媛. 美容大王 [M]. 北京：当代世界出版社, 2005.

[2] 戴维斯. 芳香宝典 [M]. 北京：东方出版社, 2004.

7.23 白无第一，美无第二

美白原料非常多，面对这些原料以及随之而来的营销话术，消费者不免会眼花缭乱，不知道该怎么选择。

于是经常有人问“熊果苷和烟酰胺哪个效果更好”之类的问题，因为消费者毕竟不是配方工程师，如果能知道哪一种原料最好，那么直奔这种原料去就完事了。

这种想法很好，但却没有标准答案。在黑色素的生成和代谢过程中，不同原料在不同阶段发挥着不同的作用，很难说谁一定比谁更好。

黑色素的第一个阶段是酪氨酸在酶的催化作用下变成真黑素和褐黑素（图 7.4），这个阶段的核心是酪氨酸酶，美白需要抑制酶的活性，熊果苷、维生素 C、曲酸、杜鹃花酸都有这方面的作用。

第二个阶段是黑色素从黑素细胞转移到周围的角质形成细胞，美白的主要着眼点在于抑制黑色素的转移，烟酰胺是这方面的典型代表。

在第三个阶段，黑色素随着角质形成细胞向外移行，来到角质层，并最终随着角质层的脱落而脱落。这个阶段的美白关注点是加快角质层的代谢，果酸和溶角蛋白都有这方面的作用。

此外，还有各种植物提取物，例如甘草亭酸和光甘草定，在美白的过程中也能发挥一定的作用。

由于黑色素的生成和代谢是连续不断的，3 个阶段之间没有间歇期，想要有效地美白，就必须同时针对这 3 个阶段来着手。

因此，单纯地比较熊果苷和烟酰胺的效果是没有意义的，一个作用在第一阶段，一个作用在第二阶段，就像关公战秦琼一样，怎么比呢？

即使是同一类的成分，例如曲酸和熊果苷的效果比较，也很难得出有意义的结论。很多品牌会标榜自家原料比别家的原料强多少倍，这种做法就像相亲，都是煞费苦心挑出最好看的亮点，然后拼命夸。

这些结果有的是来自酪氨酸酶的化学实验，有的是细胞实验，有的是动物实验，离人体的真实效果还差十万八千里呢！都是营销套路而已，听一听就算了，不必当真。

由以上分析可以很自然地得到下面两个结论：

第一，美白原料目前尚未有类似于甘油（保湿剂）或者甲氧基肉桂酸乙基己酯（防晒剂）这样一枝独秀、力压群雄的选手，所以没有必要纠结哪种美白原料最好。

第二，美白产品必须考虑到黑色素生成和代谢的各个阶段。

美白配方中一直有两种对立的思路：一种是弱水三千只取一瓢，一种是韩信点兵多多益善。

前者如某 10% 烟酰胺精华，只用烟酰胺，用量加到 10% 这个极限。

后者如某品牌的各种小白瓶，以烟酰胺 + 抗坏血酸葡糖苷 + 十一碳烯酰基苯丙氨酸为主体架构，围绕着黑色素的各个环节配备合适的成分。

这两种思路该如何评价？产品的选择当然是各花入各眼，萝卜青菜各有所爱；就配方的角度而言，应该说后一种配方更为合理。

总结：美白产品必须考虑到黑色素生成和代谢的各个阶段，合理复配各种有效的成分。不同原料发挥着不同的作用，没有必要纠结哪种原料最好。

7.24 让世界爱上中国造

从 50% 假说来看（图 1.3），美白有 50% 取决于先天的基因，有些人天生就是肤色红润白皙，这是爹妈的基因给力，羡慕不来的。

在后天的部分，生活方式占 25%。除了常规的饮食、运动、睡眠作息之外，还必须做好防晒，减少不必要的太阳光和紫外线照射。

要美白就要防晒，这是大家都知道的，但是有些照明设施会产生大量紫外线，这部分往往被忽略。

例如，卤素灯的灯罩是石英而不是玻璃，石英是无法隔绝紫外线的，所以女导购长期在卤素灯照射的地方（例如大商场的珠宝店、服装店）工作，就容易肤色暗黄甚至长斑。

剩下的 25% 中，12.5% 和正确选择产品有关，前面已经详细介绍了各种美白成分的特点，根据自己的情况来选择就可以了。

其余的 12.5% 和正确使用产品有关。美白产品的使用关键是要用够用足，这点和防晒比较类似，美白产品虽然没有像防晒产品那样 $2mg/cm^2$ 的用量标准，但是原则上也应该多用一些。

原因何在呢？因为抛开剂量谈功效，都是没有意义的。

目前，除了极个别的品牌会将美白成分的含量标示出来之外，绝大多数品牌对此是讳莫如深的，其原因可能是为了保护自己的技术机密，当然也可能是出于其他考虑。所以对于产品中有效成分的含量，普通消费者无从得知。

成分不是加进去之后就完事了，它还需要稳定在产品之中，像维生素 C 这种不稳定的成分，最终还能剩下多少浓度，只能说天知道。

消费者使用美白产品之后还有一关要过，那就是成分的透皮吸收，如果不能进入体内发挥作用，再好的成分都无济于事。而美白成分到底能有多少被吸收呢？也是未知数。

从上面分析可知，产品中美白成分的浓度有多少我们不知道，有多少能稳定存在也不知道，最终有多少能被皮肤吸收、发挥作用还是不知道。这么多未知因素摆在面前，我们能做的就是加大用量，只要用量足够，多少还是能够发挥一点作用的。

所以，与其咬牙购买天价的美白产品，每次在脸上用那么一两滴，还不如潇潇洒洒地选择自己经济能力能够承受的产品，然后使劲地用，后者见效的可能性还更高一些。

当然话又说回来，想让顾客开开心心地多用产品，除了做好营销之外，更重要的是在成分、配方和工艺方面精益求精，给消费者提供更多、更好的选择。

实事求是地说，目前国货品牌离国外大牌还有一定的差距，这其中有营销的原因，也有产品本身的原因。我们既要看到不足，也要坚定信心，发扬工匠精神，努力做出精品，不但让中国的消费者乐意用，更让全世界都爱上中国造。

总结：美白除了要注意生活方式之外，还要根据肤质选择合适的成分，并且用足、用够量。

8

祛　痘

8.1 祛痘？药不能停啊！

痘痘的学术名称是（寻常型）痤疮，它是一种皮肤病。随便找一本《皮肤性病学》教科书，里面不一定会讲怎样洗脸卸妆，但是一定有怎样治疗痘痘的内容。

痘痘这种病到底是如何产生的呢？具体机制尚未完全清楚，主要涉及的环节有3个。

1. 出油太多

皮肤的油（皮脂）由皮脂腺分泌，然后从毛孔流出来。长痘痘的皮肤绝大多数都是油性皮肤，而且往往伴随毛孔粗大的现象。

2. 毛孔不通

如果只是出油太多，那么是不会长痘痘的，最多就是让毛孔粗大。

但是如果毛囊角化出现异常，毛孔的开口被堵住，皮脂和角质混合在一起，就形成黑头或者闭口粉刺；用手挤能够挤出一坨东西出来，可能是黄色的油脂粒，尾巴还会带点血丝；也可能是半透明的，或者是臭臭的白色的豆腐渣样。

3. 引发炎症

堵在毛孔里的一坨东西容易滋生细菌，特别是痤疮丙酸杆菌。细菌将皮脂分解成脂肪酸和甘油，而脂肪酸是一种炎症因子，会引起炎症反应，皮肤出现丘疹、脓疱、囊肿之类的暗疮，也就是我们通常理解的痘痘。

从上面的发病机制可以看出，其实粉刺和暗疮都是痤疮，只不过处于不同阶段而已，前者不痛，没有炎症；后者会痛，出现炎症。

生病了应该怎么办？当然是去看病吃药啊！痘痘是医学难题，到现在还没有完美的治疗方案，也不存在100%有效的药物，但是专业问题还是应该交给专业人士去处理。即使医生说的不中听，那又何妨，总比推销化妆品的人靠谱些。

可以这样讲：痘痘虽然不是什么疑难杂症，但也绝对不是随便涂抹一些乳霜精华就能解决的，想要治疗痘痘还是得靠药物。

和药品比起来，护肤品只能是从属的位置，对痘痘起到的主要是辅助效果；号称可以“快速祛痘”“从此根治”“永不复发”的祛痘护肤品，基本可以确定是忽悠。

有人认为“是药三分毒”，对药物心存顾虑。但是要知道，药物上市前经过了严格的临床试验，它的效果和副作用都已经研究得比较透彻，所以基本上不用担心安全性问题；反而是很多祛痘护肤品，做出来了就卖，哪个更有效或者更安全，答案不问可知。

除了粉刺和暗疮之外，痘痘还有其他后遗症，最典型的是毛孔粗大和挤痘痘留下来的痘印。黑头、毛孔粗大和痘印是“战痘”网友们讨论最多的主题，实事求是地说，都不太容易解决。

总结：痘痘是一种皮肤病，要用药物治疗；护肤品只能起到辅助效果。

8.2 对症下药

痤疮的症状多种多样，有轻有重。黑头、闭口粉刺（图 8.1）属于轻度症状，如果能通过刷果酸、水杨酸来解决问题，那就最好不过了，尽量不要动用药物。

丘疹、脓疱属于中度症状，结节、囊肿属于重度症状，用药物治疗是首选方案。

用于治疗痘痘的药物非常多，不同症状的处理方法是不一样的。在治疗过程中要老老实实听医生的话，按照医嘱来用药；当然，对常见药物有一个基本了解也是非常必要的。

痘痘的药物可以分成外用和内服两大类，总的原则是能不用就不用，能外用就不内服，能少吃就不多吃。

外用药物主要是维 A 酸类药物和抗菌药物。

外用维 A 酸类药物是治疗痘痘的首选，因为效果比它强的，副作用会大很多；比它安全的，效果要差很多。它可以疏通毛孔、溶解粉刺、抗炎、预防和改善痘印、瘢痕，所以是一线用药。

维 A 酸类药物不是单独一个，而是一大类药物，包括第一代的全反式维 A 酸和异维 A 酸，以及第三代的阿达帕林和他扎罗汀。综合考虑，阿达帕林最值得推荐。

抗生素的祛痘原理是杀菌消炎，刺激性比维 A 酸小很多，可以和维 A 酸配合，起到“1+1 > 2”的效果。但是抗生素会产生耐药性，所以不建议单独用，最好不要长期使用。

常用的抗生素有林可霉素及其衍生物克林霉素、夫西地酸、红霉素等。克林霉素效果好，肤感清爽，而且还有控油作用，对于痘痘肌来说可谓雪中送炭了。

克林霉素和阿达帕林都有很多不同的厂家生产，有时候还会有各自的商标名称，只要是正规产品都受到国家的严格监管，都是可以放心购买和使用的。

夫西地酸是一种比较新的抗生素，效果也不错。至于说百多邦，它对痤疮的作用不大，主要是针对毛囊炎、疖等病原菌。

过氧苯甲酰是另外一类抗菌药物，它通过释放新生态氧来杀菌抗炎，所以不会有耐药性。这种药可以单独用，也可以和其他药物一起用（但不能和全反式维A 酸一起用）。过氧苯甲酰的缺点是刺激皮肤，而且使用过程中如果手贱挤痘痘，必定会留下难以消退的红色痘印。

壬二酸（杜鹃花酸）、硫黄、氨苯砜和二硫化硒等药物也可作为外用治疗的备选。壬二酸有抑制酪氨酸酶活性、减少黑色素生成的效果，所以皮肤科医生特别爱开，它可以预防和改善黑色痘印，它的缺点是质地比较油腻，对皮肤有点刺激。

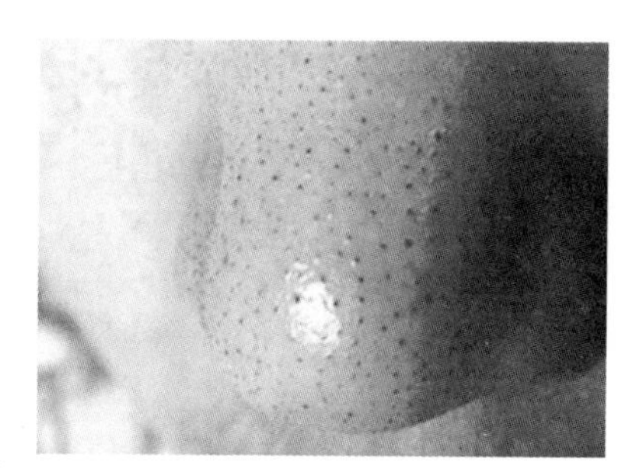

图 8.1　闭口粉刺

口服药物主要有维 A 酸类、抗生素和激素，特别适合重度痤疮，或者是伴随有严重内分泌问题，以及其他治疗方案坚持了 3 个月都没见效的患者。中度痤疮且要求快速见效的患者也可以吃药，但是一定要有医生的指导。

口服维 A 酸类药物包括异维 A 酸胶囊和维胺酯，治疗效果最好，副作用最强，绝对不能乱吃！

异维 A 酸胶囊的商品名叫作泰尔丝，谐音“胎儿死”，因为它会导致胎儿畸形。所以医生在给病人开这个药之前，要询问有没有怀孕，以及近期（最少半年）有没有怀孕的打算。

除了胎儿畸形之外，常见的不良反应还包括皮肤和口唇干燥，肌肉和骨骼疼痛、血脂升高、肝酶异常及眼睛干燥。有抑郁症的患者慎用，因为可能导致阳痿（男性患者）和产生自杀倾向。

异维 A 酸胶囊有个亲戚叫作维胺酯，不良反应和异维 A 酸差不多，程度相对轻些。

口服的抗生素主要是四环素类药物，最常用的是多西环素胶囊和米诺环素胶囊。

首先，抗生素口服药物的效果不如异维 A 酸胶囊，副作用和禁忌证还不少。

它们的不良反应包括恶心、呕吐、腹痛腹泻等，吃药之后立刻躺倒的人症状尤其明显。

其次是日晒后会出现光敏现象，所以服药期间不要暴晒，皮肤出现红斑应立即停药。此外，这类药物不能和异维 A 酸胶囊一起吃，否则有增加假性脑瘤的风险。

口服激素特别是抗雄激素药物只适合女性，尤其是雄激素偏高的女性，如痘痘分布在嘴唇周围、月经不规律、肥胖、多毛、脱发等；对于女性青春期后发生的痘痘，以及经前明显加重的痘痘也适合。

常用抗雄激素药物主要包括雌激素、孕激素、螺内酯等，临床上常用雌激素与孕激素的复方制剂，也就是避孕药。所以女士们如果去看痘痘的时候医生开避孕药，千万不要误会。

抗雄激素的不良反应包括子宫不规律出血、乳房增大及胀痛、肥胖、出现黄褐斑等，所以它还有丰胸的效果。

顾名思义，抗雄激素是将雄激素压下来，所以男性就不适合了，否则会出现乳房发育的症状！

医生有时候会开其他口服药物，例如锌制剂、维生素 B 族、丹参酮等，这些药物的副作用小，适当吃一点儿作为辅助治疗。

需要强调的是，以上内容只是原则的建议，具体治疗方案还是要以医生的意见为准。痘痘的治疗过程中最重要的是依从性，老老实实按照医生说的去做。如果坚持 3 个月之后没有效果，再考虑其他方案。

总结：外用维 A 酸类药物是治疗痘痘的首选，抗生素可以和维 A 酸协同增效。口服药物要有医生的指导，不能乱吃。

参考文献

[1] 杨来计 . 安体舒通治疗痤疮引起男性乳房发育误诊 1 例 [J]. 现代中西医结合杂志，1996(2):47-48.

8.3 维 A 酸祛痘哪家强？

维 A 酸（也称维生素 A 酸）类药物能疏通毛孔、溶解粉刺、祛痘控油，是治疗痘痘的首选。迄今为止，维 A 酸类药物已有 3 代，选择的时候要综合考虑效果和安全，效果要尽可能好，副作用要尽可能小。综合考虑，阿达帕林是最佳选择。

第一代维 A 酸的典型代表是全反式维 A 酸乳膏，这个产品的优点是便宜、有效，而且有确定的抗衰老作用，是美国 FDA 批准的唯一一个用于治疗光老化的药物。

全反式维 A 酸的缺点是对光和氧化剂不稳定，白天不能用，也不能和过氧苯甲酰一起使用。它具有乳膏质地，肤感油腻，不讨油皮喜欢，刺激性也（可能）是外用维 A 酸中最强的。

迪维（维 A 酸乳膏）有 0.025% 和 0.1% 两个浓度，高浓度并不会增强效果，但是会显著增加刺激，所以对大部分人来说 0.025% 的浓度就够了。

第一代维 A 酸的另一个代表是外用的异维 A 酸凝胶，它的效果与全反式维 A 酸相似，刺激性和光敏性较小。但是这个药比较少见，不好买，研究也不多。

口服的异维 A 酸是目前最有效的治疗痤疮药物，尤其适用于严重的结节和囊肿，副作用也是最大的。只有少部分长痘痘的患者才有必要口服异维 A 酸，大部分患者外用药物就能达到良好的效果。

第二代维 A 酸类药物主要用于银屑病的治疗，和痘痘关系不大。

第三代维 A 酸类药物包括阿达帕林和他扎罗汀。阿达帕林性质稳定，遇到日光和过氧苯甲酰都不会分解，质地清爽，用着舒服。

就效果而言，阿达帕林不比其他几种外用药差。有研究比较了它和全反式维 A 酸对中度痘痘的效果，发现阿达帕林前期起效快，长期（12 周）的治疗效果和全反式维 A 酸不相上下 [1]。

另外，有研究比较了 6 种维 A 酸类药物外用的刺激性，结果表明，阿达帕林的刺激是最低的 [2]。所以总体来说，阿达帕林是治疗轻度和中度痤疮的最佳选择。

他扎罗汀也是第三代维 A 酸，对痤疮和银屑病均有效。它的缺点也是刺激皮肤，特别是红斑、疼痛和烧灼感。

以上外用的维 A 酸类药物祛痘效果都差不多，无论是哪种药物，都要坚持使用（至少 3 个月）。实在没有效果时，再考虑更换治疗方案。

需要说明的是，每个人的皮肤状况不同，对药物的反应也不同。有些人用全反式维 A 酸有效，用阿达帕林却没效；或者反过来，这些情况都很常见。所以要个性化用药，由医生根据具体状况进行具体分析治疗。

总结：阿达帕林治疗效果好，刺激性低，性质稳定，质地清爽，用着舒服，是治疗轻度和中度痤疮的最佳选择。

参考文献

[1] GROSSHANS, MARKS, MASCARO, et al. Evaluation of clinical efficacy and safety of adapalene 0.1% gel versus tretinoin 0.025% gel in the treatment of acne vulgaris, with particular reference to the onset of action and impact on quality of life[J]. British Journal of Dermatology, 2010, 139(s52):26-33.

[2] 毕志刚，张美华，苏忠兰，等．市售六种维 A 酸外用制剂对皮肤累积刺激性的评估 [J]. 中华皮肤科杂志 ,2003(12):705-707.

8.4 短小低少保平安

维 A 酸类药物祛痘效果很好，刺激性也大，特别是容易出现发红、发热、刺痛等副作用。虽然出现这些副作用表示药物开始发挥效果了，但是患者毕竟会感觉到不爽，再加上旁边天花乱坠的广告一忽悠，就容易半途而废。

想要减少维 A 酸的刺激，关键在于“短小低少”4 个字。只要能按照这 4 个字来做，就能享受到维 A 酸的祛痘功效，又能避免它的刺激性。

新手使用维 A 酸，首先要牢记“短”，即停留时间必须短。第一周在脸上停留 5 分钟，然后用清水洗掉，接着用护肤品。如果连 5 分钟都受不了，那就先别用维 A 酸，换用其他药物。

如果第一周用药没问题，第二周可以延长到 10 分钟，第三周延长到 20 分钟；第四周延长到 30 分钟。

从第五周开始可以过夜，但要先用护肤品，再用维 A 酸。从第九周开始可以先用水，然后用维 A 酸，再用其他护肤品。

其次，维 A 酸的接触面积要小，只用在有痘痘或者闭口或粉刺的地方，没有痘痘的地方就不要用，并且要避开皮肤的伤口，以及眼睛和口唇等黏膜部位。

像阿达帕林这种清爽的凝胶尤其要注意，千万别把它当作保湿凝胶全脸涂抹，过量使用并不会获得更快或者更好的效果，只会收获更大的刺激。

再次，维 A 酸的使用浓度要低，皮肤科医生提出“指尖单位”的概念，意思是覆盖食指第一关节的药膏长度（图 8.2）。建议维 A 酸药物的全脸用量等于半个指尖单位，或者白色的棉签头的长度。

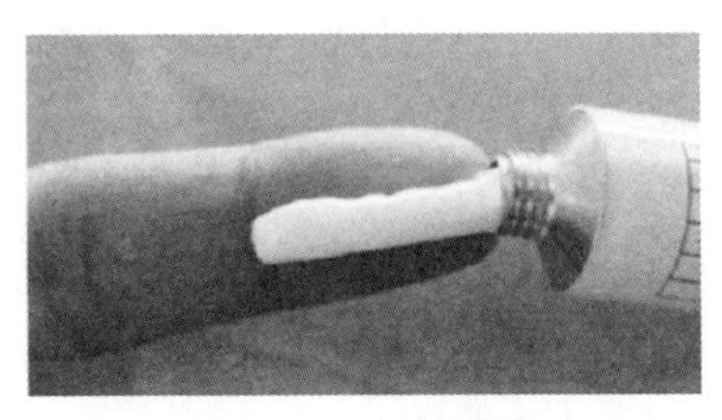

图 8.2　药膏长度

最后，维 A 酸类药物的使用次数要少，

特别是全反式维 A 酸，它对紫外线不稳定，太阳光照后会分解，并加重全反式维 A 酸对皮肤的刺激，皮肤更容易晒伤、晒黑；而且动物实验显示维 A 酸可增强紫外线致癌能力，所以全反式维 A 酸只能晚上用。

虽然这些致癌风险只是动物实验的结果，但是为了安全起见，建议其他维 A 酸类药物（包括阿达帕林）也是一天只用一次，夜用，白天做好全面防晒工作。

在使用维 A 酸的过程中，如果真的出现发红、发热、刺痛之类的刺激，也不必过于惊慌，可以用有修复作用的面膜救急，也可以用地奈德、无极膏之类的激素药膏来缓解一下。不过激素药膏只能薄涂，连用不超过 7 天，以免导致激素依赖性皮炎。

总结：外用维 A 酸类药物容易导致脱皮、发红、刺痛，降低刺激的秘诀在于“短小低少”，即接触时间短、面积小、浓度低、次数少。

8.5 阳光总在风雨后

用维 A 酸祛痘一般要持续 3 个月，在此过程中，除了有发红、脱皮、瘙痒、灼热等刺激外，还有可能发生爆痘（acne flare）的现象，通俗地说，就是越用痘越多，其发生率是 20% 左右[1]。

长痘痘的人都希望尽快将痘痘治好，结果涂抹了药膏，不但有副作用，痘痘还越来越多，这就很难让人接受了。那么，为什么越用维 A 酸痘痘越多？是皮肤在排毒吗？

当然不是。长痘的原因很简单，因为维 A 酸帮助角质层加快代谢，老化的角质细胞脱落，毛孔被疏通，原本“潜伏”在毛孔中的粉刺就显露出来了。

长痘的皮肤使用维 A 酸，痘痘可能会暂时变得更多；有色素沉淀的皮肤使用维 A 酸，肤色可能会暂时变得更黑；有细纹的皮肤使用维 A 酸，初期纹路可能会暂时变得更深，这些现象都是角质层正在重整的表现。

除了维 A 酸之外，可以加速角质层代谢的成分，例如果酸、水杨酸，甚至是维 A 醇（视黄醇），使用之后都有可能出现爆痘的现象，道理相似。

需要特别强调的是，爆痘现象一般发生在使用的前几周（特别是前 6 周），而不是前几次，这是最容易放松警惕的时候，所以使用维 A 酸切不可操之过急。只要熬过了这个悲催绝望的阶段，迎来的就是柳暗花明的明天。

怎样减少维 A 酸导致的爆痘现象呢？

有研究对比了不同用药方式的爆痘副作用，结果显示，全反式维 A 酸 + 克林霉素联合使用的爆痘比例最低，单独使用全反式维 A 酸的爆痘比例最高[2]。因此，维 A 酸类药物和克林霉素一起用有助于减少爆痘的风险。

如果两个药物一起用，根据外用维 A 酸的“短小低少”四字诀，建议晚上的时候把克林霉素和维 A 酸在掌心混合之后一起涂抹，一起洗掉。

总结：外用维 A 酸类药物的前几周有可能出现痘痘增加的现象，这是正常的现象，也是药物发挥作用的表现；维 A 酸和克林霉素共用有助于减少爆痘。

参考文献

[1] KLIGMAN, ALBERT M. Topical vitamin a acid in acne vulgaris[J]. Archives of Dermatology, 1969, 99(4):469.

[2] JAMES Q. DEL R. Retinoid-induced flaring in patients with acne vulgaris: does it really exist?: a discussion of data from clinical studies with a gel formulation of clindamycin phosphate 1.2% and tretinoin 0.025%[J]. Journal of Clinical & Aesthetic Dermatology, 2008, 1(1):41-43.

8.6 果酸虽好别乱刷

果酸是指从水果中提取的小分子有机酸，也叫羟基羧酸，简称 AHA。最常见的果酸有甘醇酸、苹果酸、柠檬酸和乳酸。

果酸的功能很多，最核心的作用是去角质，通俗地说就是“扒皮”。它可以降低角质层之间的黏结力，加快老化角质层的脱落和代谢，所以很多和角质层有关的皮肤现象都可以用它改善。

例如长痘痘的一个核心因素是毛孔的开口被堵住，皮脂出不来，形成黑头或者闭口粉刺。而果酸可以疏通毛孔，改善堵塞，帮助皮脂排出，对黑头和闭口粉刺有明显的效果。

果酸的第二个应用是美白，当角质层脱落后，沉积的黑色素也随之脱落，因此果酸可以用于改善黄褐斑、雀斑等各种色素型疾病，但是一般要用高浓度的果酸（25%～75%）进行换肤才有比较好的效果。

高浓度的果酸对皮肤的刺激是非常强烈的，所以在果酸换肤的时候，都是按秒表来计时操作的：用刷子将果酸刷到脸上，设定二三十秒的时间，然后开始计时。时间一到就用刷子将小苏打溶液刷到脸上，中和果酸，所以刷酸的名字就这么来的。

果酸的效果虽然好，但是市面上相关的护肤产品并不多，这主要是源于果酸的刺激，它会使皮肤紧绷、发红，甚至刺痛。可以说，果酸是护肤品中最容易刺激皮肤产生不耐受的成分。

因此，果酸在化妆品中的使用受到限制，国家规定总浓度必须低于 6%，pH 值必须高于 3.5，就是为了避免果酸过度刺激皮肤。在敏感性皮肤发生率越来越高的当下，对于果酸的刺激性必须给予足够的重视。

如果不确定自己能不能耐受果酸的刺激，可以将超市的乳酸酸奶敷在脸上，看看会不会产生刺激，因为乳酸也是果酸的一种。

为了减少刺激，一般有两种办法：一种是中和法，就是加入碱来中和酸。有些果酸护肤品既想标榜自己“高浓度”，又怕出现刺激反应，就把果酸和碱一起加进去，这样的配方体系没有任何意义，实际就是忽悠，例如某果酸丝滑身体乳（见“5.9 保湿至尊，矿脂矿油”）。另一种是和维 A 酸相同的“短小低少”四字法，即时间短，短时间使用果酸洗面奶后就洗掉；面积小，敏感性或者混合性皮肤可以只在 T 区用果酸，避开两边脸颊；用量低；次数少，只在晚上用，白天全面做好防晒工作，减少日晒，出门打伞；此外不用皂或者热水洗脸。这些细节可以在保证果酸效果的同时，降低对皮肤的刺激。

有人可能会有疑虑：洗面奶接触皮肤的时间这么短，果酸究竟能不能发挥效果呢？

临床试验发现：每天用两次含甘醇酸的洁面产品（pH 值为 4），6 周后可显著改善轻度痤疮[1]。可见，即使只是短暂接触，果酸依然能发挥作用。所以刚开始使用果酸的时候，最好是选择洁面类产品，相对安全有效。

和果酸类似的成分是水杨酸，它在水中的溶解性比果酸差，对皮肤的刺激小一些，但还是有刺激，所以使用含有水杨酸成分的产品也要做好必要的防范。

总结：果酸可以疏通毛孔，改善堵塞，帮助皮脂排出，对黑头和闭口粉刺有明显的效果。刚开始使用果酸的时候最好是选择洁面类产品，相对安全有效。

参考文献

[1] ABELS C, REICH H, KNIE U, et al. Significant improvement in mild acne following a twice daily application for 6 weeks of an acidic cleansing product (pH 4)[J]. Journal of Cosmetic Dermatology, 2014, 13(2):103-108.

8.7 双管齐下去黑头

黑头又称开口粉刺，是困扰很多人的皮肤问题，产生的原因是毛孔“便秘”了：皮脂和角质混合在一起形成油脂栓，堵在毛孔里，与空气接触后，就变成黑头（图 8.3）。

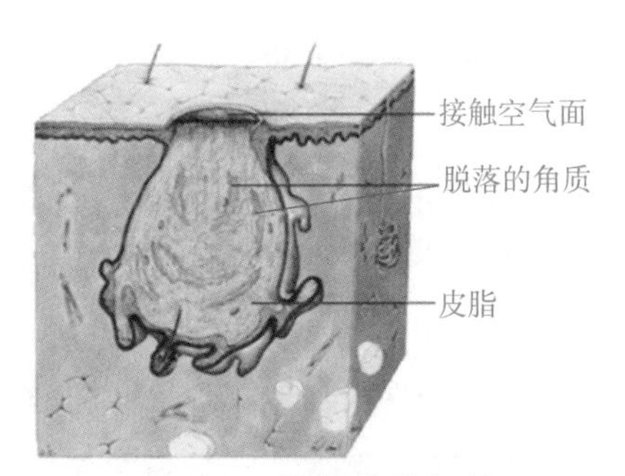

图 8.3 黑头形成机制

黑头的成因首先是油脂分泌旺盛，但不是脸没有洗干净。去黑头需要适当清洁，但不能过度清洁，否则会伤害皮肤。

引起黑头的另一个因素是毛孔堵塞。有的人毛孔不算显眼，却能挤出一堆骇人的黄色或白色油脂粒，毛孔变成红肿的窟窿，好像在张大嘴巴呼吸。本来毛孔里面就有很多油，通道还变狭窄，油脂出不来，黑头能不严重吗？

黑头是痘痘的潜伏状态，有可能转化为痘痘，如果脸上又有痘痘又有黑头（以及白头粉刺），用药物一起改善就可以了，用于治疗痘痘的维 A 酸类药物对于黑头也是有效的[1]。

如果只有黑头，没有痘痘，不想用药物，那就可以用果酸（甘醇酸、乳酸、苹果酸等）或者水杨酸，降低角质层的黏结力，加快角质代谢，疏通毛孔。这方面的产品有很多，水、乳、精华都有。

然而在敏感性皮肤越来越常见的当下，刷酸也要讲究基本法。如果担心敏感刺激，最好还是用含酸的洗面奶，停留在脸上的时间比较短，刺激小又有效果。

如果是硬硬的黑头，很难弄出来，说明里面的油脂栓混合了脱落的角质，这样的黑头很顽固，光是打开毛孔不足以让黑头出来，需要外界助力。

有些人喜欢用硬挤的方式把黑头挤出来，感觉很爽，一直挤一直爽，根本停不下来，结果就是在脸上留下很多孔洞难以消退。同理，那些撕拉式的鼻贴膜把黑头拔出来对皮肤也是有伤害的。

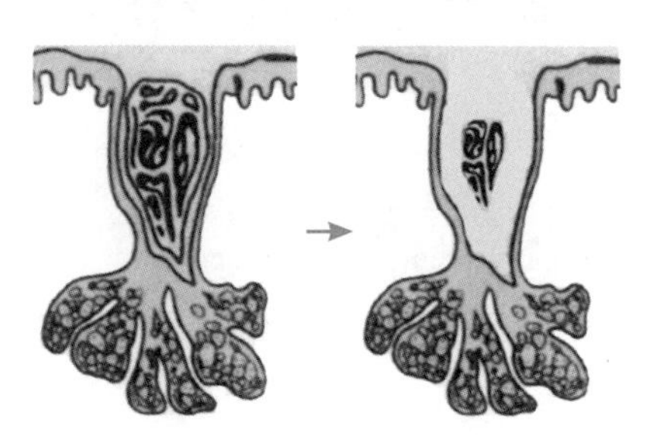

图 8.4 溶油脂栓过程

对付顽固的黑头最安全的办法是润滑，先用油按摩一段时间，通过渗透性强的小分子油将顽固的油脂栓溶掉一部分，拆散它的结构（图 8.4），剩余的部分就容易滑溜溜地浮出来了。

这就是为什么用了卸妆油后会感觉黑头少了，其原理就是化学中的“相似相溶”或者说“以油溶油”，卸妆油将油脂栓溶解，原本堵住毛孔的油脂栓变小变松，就容易出来。

但是也有人说用了卸妆油反而长痘痘，原因何在呢?

答案是看油的种类。棕榈酸异丙酯和肉豆蔻酸异丙酯这两种合成酯在卸妆油中很常用，但是有很高的致痘风险，谁用谁知道。

橄榄油中的油酸含量非常高，而油酸已经被证明容易导致出现粉刺。在痤疮的动物实验中，有一种做法就是通过在动物皮肤表面涂抹油酸，使毛孔堵塞，最终形成微痤疮模型。所以涂抹纯橄榄油之后，会出现闭口粉刺。

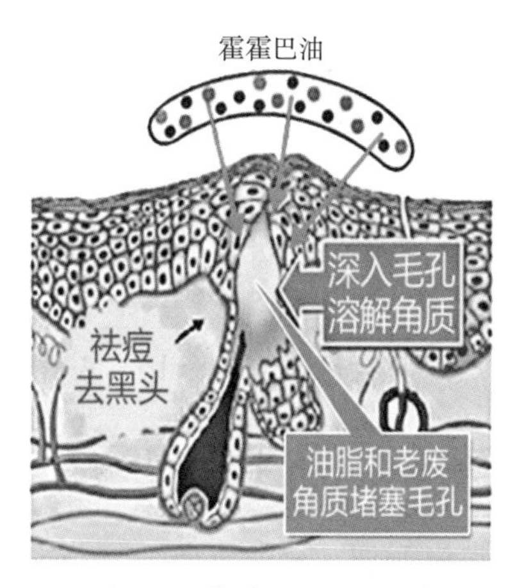

图 8.5　霍霍巴油 + 刷酸

相比之下，霍霍巴油的油酸含量很低，大约只有 1.4%，适合油性皮肤用来卸妆以及改善黑头。

用霍霍巴油按摩几分钟，再用果酸或者水杨酸洗面奶洗干净，后续做好保湿和收敛毛孔的工作，这就是“霍霍巴油 + 刷酸”双管齐下去黑头的步骤（图 8.5）。

在此基础上调整油脂分泌，坚持几个月即可看到明显改善。

很多去黑头鼻贴、撕拉式面膜、黑头导出液、深层清洁面膜、针清、管清、洗脸机器等产品也宣称有去黑头功能。这些产品如果有立竿见影的效果，一定是以伤害皮肤为代价换来的，如果发炎还会留下难以愈合的洞坑。

至于像白糖、粗盐、白醋、米饭、蛋清、软膜、小苏打、珍珠粉、洁面粉……这些标榜“一块钱、一分钟”的所谓“偏方绝招”，无非是抓住人的好逸恶劳心理。黑头是油脂形成的角栓，堪比抽烟机上的油垢，如果一分钟就可以去掉黑头，也不会有这么多人为此烦恼了。

目前，去黑头产品的主要思路都是怎么把黑头从毛孔中清理出去，还做不到阻止黑头再生。它就像春风吹又生的野草，只要皮脂腺还在正常工作，皮肤的油脂分泌旺盛，不论用什么方法去黑头，效果都是暂时的，很快就会恢复原状。

所以，凡是敢打保票说能根治黑头的话，都是骗人的鬼话！想要根治黑头，关键是要调节油脂的分泌，管住嘴，迈开腿，调作息，不熬夜，这些不花钱的健康生活方式比什么都有用，人人都知道，却不是人人都能做到的。

总结：黑头是皮脂和角质混合后，堵塞于毛孔中的顽固的油脂栓，可以通过“以油溶油 + 刷酸”的方式来改善。去黑头要注意不伤害皮肤，目前没有能够根治黑头的方法和措施。

参考文献

[1] 涂平，季素珍．阿达帕林凝胶治疗寻常痤疮疗效观察 [J]. 中华皮肤科杂志，1999, 32(6):424-425.

8.8 三句不开口，神仙难下手

闭口粉刺俗称白头，它的形成原因和黑头是一样的，都是因为皮脂混合了角质，变成一坨油脂栓，堵在毛孔里面出不来。

如果油脂粒接触到空气变黑了，就是黑头；没有接触空气，那就是白头，也叫作闭口（图 8.6）。

图 8.6 闭口

因为白头和黑头都是粉刺，成因相同，所以治疗方法也是相似的。既有痘痘又有闭口，可以用阿达帕林之类的药物一并改善，如果没有痘痘，可以用果酸来改善。相关内容在前文已经有介绍，此处不再赘述。

与黑头相比，白头和外界不连通，所谓“三句不开口，神仙难下手”。所以需要耐心来改善，不要心急，更不要用手去挤。

下面浅谈宋奉宜医生首倡的、用于改善粉刺与毛孔堵塞的“自我敷面法”，其核心理念是减少对皮肤的人为伤害，让皮肤的自我调节功能发挥作用，特别适合既敏感又有粉刺暗疮的肤质。

“自我敷面法”的核心是将足量水分闷进毛孔里面去，硬生生地将粉刺泡软泡滑，然后借助皮脂腺向外分泌皮脂时的外推力，将粉刺推出来。

这个方法的关键是要有一种高含水量、高安全性的产品，把粉刺泡软。由于水可以被闷进去，其他成分同样也会被闷进去，所以产品一定要很安全，不能添加可能引起粉刺或毛孔堵塞的成分（如棕榈酸异丙酯、肉豆蔻酸异丙酯、无机粉料），防腐剂要用安全的防腐替代成分，色素、香料等非必要成分最好别用。

宋奉宜医生使用的是安全的 r-PGA（聚麸氨酸）这种水溶性凝胶。之所以用凝胶这种剂型，估计是因为凝胶含水量高，锁水力强，不需要用乳化剂，提高了安全性。根据宋医生提供的资料，患者经过 3 个月的治疗后，明显可见发炎、红肿、色素沉淀等现象消退，表皮也恢复了正常的纹路。

从我个人的经验和顾客的反馈来看，“自我敷面法”确实是有一定的科学道理的，例如有顾客反映大剂量使用维生素 B_5 保湿液，也有类似的改善粉刺的效果。

“自我敷面法”非常安全，不刺激，不需要去角质，各种肤质都适用，特别适合既敏感又有粉刺暗疮的肤质。这种肤质对付起来是最棘手的，因为常规的各种祛痘或去粉刺的途径都是通过刷酸(维 A 酸、果酸、水杨酸等)+ 调理角质入手，对敏感性皮肤来说肯定会存在一定的刺激。

所以，既敏感又有粉刺暗疮的皮肤还是要抓住主要矛盾，忽略次要矛盾，那就是先把皮肤养好，把痘痘或粉刺的问题放在一边，“自我敷面法”不刷酸、不刺激、不去角质，所以不失为一个可供考虑的替代选择。

总结：白头除了常规的处理方法之外，还可以考虑用含水量高、安全性高的产品，将足量水分闷进毛孔里面去，将粉刺泡软泡滑后推出来。

8.9 有诸内必形诸痘

1. 月经与痘痘

中医强调有诸内必形诸外，意思是体内有毛病，就会在体外显现出来。所以网上一大堆文章，煞有介事地讨论痘痘的位置与健康特别是体内脏器之间的联系。这些文章有的有道理，有的则未必。

女性在月经快来之前，下巴容易长痘痘，俗称生理痘或姨妈痘。

有科学证据证明这个部位长痘和身体机能有关系，生理痘的原因是经前 1～2 周，卵巢会分泌出黄体激素和雄性激素，导致油脂分泌增多，角质粗厚，产生粉刺或痘痘。

生理痘在成年女性中比较常见，治疗比较困难，没什么好办法，只能在长痘时在下巴涂抹维 A 酸类药物或者糖皮质激素药膏，起到预防和改善的作用；也可以在医生的指导下口服药物。月经过了，生理痘就会慢慢消退，直到下一个周期。生孩子之后可能会好转。

但是如果下巴这个地方长期有既大又痛的痘痘，一直不消退，伴随有月经不正常、不规律的问题，就要考虑是否因为内分泌方面的问题导致痘痘。

提到内分泌，很多人立即就条件反射地想到内分泌失调，其实声称自己内分泌失调的人，绝大多数和内分泌没有关系，更谈不上失调。

那为什么内分泌这么容易担责呢？因为内分泌研究的不是眼睛或者心脏这样单一的器官，而是一套分布于全身的系统。内分泌系统出了问题，就可能导致身体多个部位感觉不正常，而且这些不正常的感觉未必都是痛觉，可能是瘙痒，可能是出汗，可能是心慌。一个内分泌失调就能解释那么多的不正常，这个责它不担谁来担？

什么情况下需要去查内分泌系统呢？

答案是：先问月经，再问性毛。如果女性在长痘痘的同时还有月经不规律、多毛、肥胖等情况，就要去内分泌科查雄性激素水平。

这里说的月经不规律，指的是月经该来的不来，不该来的却来了，即月经稀发、闭经或不规则的子宫出血。

这里说的多毛除了一般的体毛，特别要关注性毛，即对性激素有反应的体毛，主要生长在上唇、下巴、下腹部、大腿前部、乳房等部位。

这里说的肥胖也不是一般的圆润，而是伴随有脸红、脸胖、肚子大、皮肤出现紫纹的现象。

如果有以上指征，就有必要去查一下内分泌，排除多囊卵巢综合征的可能性。

需要强调的是，多囊卵巢综合征的特征与青春期生理变化有相似之处，所以不要机械照搬上面的那几条标准，务必去正规的公立医院检查。不要瞎琢磨自己是不是得了什么病。

如果只是普通的痘痘，就没有必要去干扰内分泌系统，正常用药物治疗即可。等到青春期结束，或者生了孩子后，痘痘大概率就会风吹散落在天涯。

总结：下巴的痘痘和月经周期有关；如果月经不正常不规律，要考虑是否为内分泌方面的问题导致痘痘。

2. 长痘部位

除了下巴的生理痘之外，另两个和体内健康有关系的长痘部位是前胸和后背。

这两个地方的皮脂腺丰富，和面部 T 区容易长痘的道理是一样的；紧身衣服的摩擦和毛巾的搓揉也是导致痘痘的因素。此外，如果身体用了防水性能太好的防晒霜，皮脂不能顺畅地排出来，有可能会导致或者加重痘痘。

既然身体上的痘痘和脸上的痘痘形成原因一样，改善方法当然也是相同的，外用维 A 酸类药物（例如阿达帕林）、抗生素（例如克林霉素），配合口服葡萄糖酸锌和 B 族维生素。而且外用药物不需要洗掉，因为身体部位的皮肤不像脸部那么娇气，不容易产生敏感和刺激。

前胸、后背的痘痘在高温多汗的夏季特别常见，出了汗就要洗澡。现代人做什么事情都追求高效，自然有人就会想到：有没有什么产品可以在洗澡的时候顺带改善痘痘呢?

还真是有的，那就是用硫黄皂来洗澡 + 祛痘。

硫黄皂就是加入硫黄粉的香皂。皂的实质是脂肪酸盐，常用的是脂肪酸钠。这个成分太硬，不适合用在洗面奶里，但是用于皂这种硬块就没有问题了。

硫黄是皮肤科的药物，可以杀菌，缺点在于有臭味，不好闻，所以要加香精来掩盖。

硫黄皂为什么会受到这么多专家的实力推荐呢？主要原因是硫黄能杀菌，这是有医学根据的，所以对于改善炎症型痘痘有帮助。而且硫黄皂的配方简单，不容易出问题，和“杀菌型沐浴露”比起来，还是低调的硫黄皂更有内涵。

有优点就有缺点，硫黄皂最大的缺点是清洁力太强，皮肤容易干燥；而且当时感觉脸上洗得很干净，过一会儿反而出更多的油。

那么，怎样正确合理地使用硫黄皂祛痘呢?

前胸、后背的痘痘可以每天用一次硫黄皂，因为身体的皮肤有衣服遮盖保护，比较健康，不像脸上的皮肤经常受到摧残，所以每天用一次没有问题。

至于脸上最好要谨慎，有些人反映硫黄皂前期效果很好，成片的大痘痘很快就得到明显改善；但是后期就不那么给力了。所以无论是从效果还是从安全的角度来说，都不建议硫黄皂在脸上使用。

除了用对、用好产品，平时注意衣服（特别是贴身的内衣）要宽松，洗澡的时候不要用毛巾暴力揉搓皮肤，饮食尽量清淡。做到这几点，夏季就再也不用为前胸、后背的痘痘发愁了。

总结：前胸、后背皮脂腺丰富，容易长痘痘，除了用常规药物改善之外，还可以用硫黄皂来祛痘。平时衣服要宽松，饮食尽量清淡。

3. 免疫系统与痘痘

除了下巴和前胸、后背之外，其他部位的痘痘和身体健康也许有关，也许无关，目前还停留在经验总结的层面。

首先是出现在下颌、两腮和脖子的痘痘，这些区域分布有大量的淋巴结，如果这里反复长痘痘，同时还有喉咙痛、嗓子发炎的现象，能摸到颌下的淋巴结，往往提示有免疫系统的问题。这时除了常规的药物治疗外，还要注意多休息，提升免疫力。

其次是额头的痘痘。额头长痘或长粉刺的最主要原因是睡眠，凡是额头有痘痘，几乎都有睡眠不足的现象。虽然确切的机制还没有搞清楚，不过从调查统计的数据来看，两者是高度相关的，所以想要改善痘痘或粉刺，务必要少熬夜！

额头长痘的外因是清洁不到位，平时用了高倍数的防晒霜，以及 BB 霜、CC 霜、素颜霜、隔离霜、粉底霜、懒人霜、气垫霜之后，额头没有彻底卸妆，残留在发际线附近的彩妆就会堵塞毛孔，从而产生痘痘。

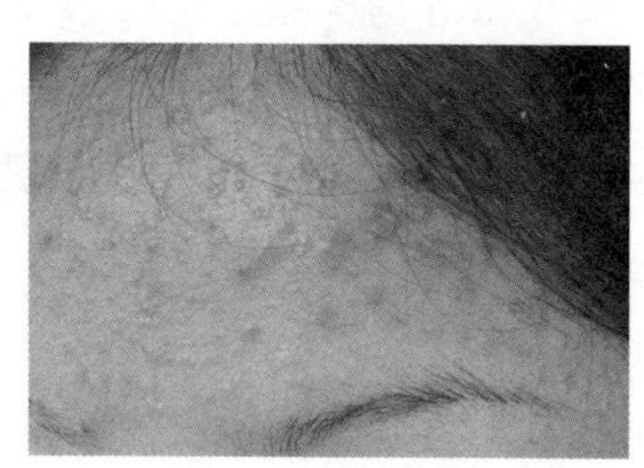

图 8.7　额头痘痘

如果没有每天洗头，沾着灰尘和汗水的头发遮盖这些部位，就会火上浇油，痘痘更加严重（图 8.7）。

再次是两边脸颊的痘痘。和额头、鼻子、下巴这些 T 区相比，两边脸颊的皮脂腺比较少，如果长痘痘，就要从饮食和化妆两方面来分析。

饮食和痘痘的关系非常复杂，目前学术界仍然没有定论。从经验的角度来说，如果食物既油腻又辛辣，例如水煮鱼、麻辣烫之类的食物，或者伴随有大便干结，小便赤黄，口干、口苦、口臭这些症状，就要调整饮食结构，尽量吃得清淡一些。

至于化妆方面，如果出于职业需要必须化妆，尽量用蜜粉、散粉这些含油少的彩妆，尽量用卸妆油这种卸妆力强的清洁产品；避开肉豆蔻酸异丙酯、棕榈酸异丙酯这些高风险成分。

最后其他部位的痘痘，例如像嘴角周围长痘，其原因就更复杂了，也许是体内的因素导致，也许是牙膏残留导致，需要仔细分析。痘痘部位和健康之间有时候有明确的关系，有时候没有，从经验上升到科学还有很长的路要走。

总结：颌下反复长痘痘往往提示有免疫系统的问题；额头长痘的最主要原因

是睡眠不足；脸颊长痘要从饮食和化妆两方面来分析。

8.10 反孔精英

毛孔虽然每个人都有，但是要搞清楚它的来龙去脉却不容易。简单地说，毛孔就是毛发生长出来的孔洞的开口，毛囊孕育出毛发，然后毛发从毛孔的通道里面钻出来。

毛孔为什么会粗大呢？这就要说到皮脂腺了。皮脂腺的作用是分泌皮脂，分泌出来的皮脂总要找个通道。然而皮脂腺在进化过程中偷了一个懒，没有进化出自己的通道，而是“借”用了毛孔的通道。

由于油性皮肤出油旺盛，皮脂通过毛孔排泄出来，必然会把毛孔撑大。如果毛孔周围的老旧角质与内部的皮脂混合，形成角栓，造成堵塞，毛孔就会更加明显。

除了肤质以外，毛孔粗大还与皮肤老化、紫外线以及遗传等因素有关。随着自然老化（年龄增长）或光老化（过度日晒）的进行，真皮层的弹力纤维和胶原纤维变形，支撑力下降，导致毛孔周围的皮肤松弛凹陷，在重力的作用下扩张拉长，毛孔就会更加明显。

由于毛孔的成因很复杂，所以最简单的改善办法就是医疗美容，激光或者黄金微针以及强脉冲光之类的医美手段都可以考虑。医美能够同时改善导致毛孔粗大的多个因素，效果确切，具体选哪一种医美手段需要和医生多沟通。

外用药物或者护肤品对毛孔是不是没有任何效果呢？也不能这样说，因为医美不可能经常做，但是药物或者护肤品可以经常用，而且相对来说更便宜，所以药物（例如全反式维 A 酸）和护肤品，特别是有科学支持的功能性护肤品（姑且理解为所谓的药妆）还是能起到一些辅助作用的。

宣称可以改善毛孔粗大现象的成分有很多，抛开那些玄学一般的植物提取物和多肽不谈，目前改善作用比较明确的主要有两个：一个是水杨酸，一个是双甘氨肽。

水杨酸分子含有苯环（图 8.8），和果酸相比偏脂溶性，可以进入毛孔清除皮脂，1%～2% 的浓度就能达到不错的效果，很适合伴随有黑头角栓的毛孔，而且刺激小。相对于化妆品中禁用的维 A 酸以及强刺激性的果酸来说，水杨酸不失为一个兼顾功效和安全的平衡之选。

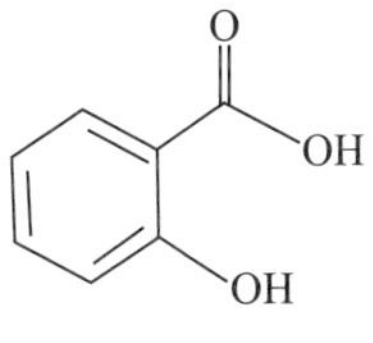

O
OH
OH

图 8.8 水杨酸分子式

双甘氨肽，它是甘氨酸的二聚物。细胞试验发现，将油酸加入细胞培养基之后，钙离子会流入细胞内。人体实验则发

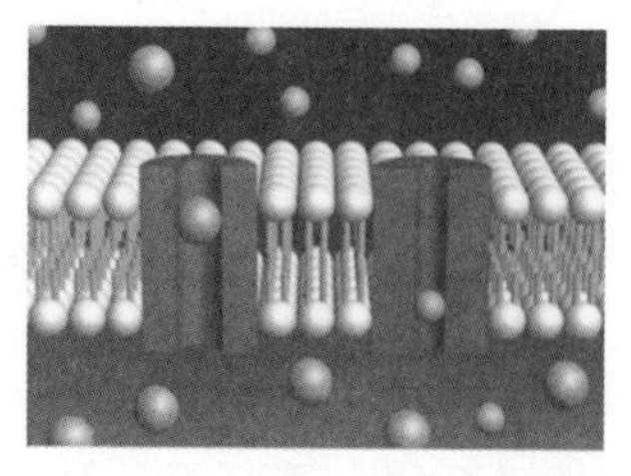
图 8.9 细胞膜上的通道

现，皮肤涂抹油酸后，会出现毛孔变大、水分流失、皮肤纹理粗糙等现象。

进一步实验发现，在细胞膜上有很多通道，负责控制离子的出入（图 8.9）。这些通道平时是关闭的，但是油酸会打开钙离子的特定通道，使钙离子流入细胞内，导致毛孔变大、炎症增加。所以皮肤不能随便补钙，否则改变了细胞内外的浓度差就麻烦了。

可能读者很自然地就能想到，如果把钙离子的通道关上，不让它内流，是不是就可以改善毛孔粗大呢？遗憾的是，无论是技术上还是法规上，这样做都不可行。

于是科学家又想到另一个办法：既然挡不住钙离子内流，干脆以毒攻毒，打开另外一条通道，让相反电荷的离子也流入细胞内，正负电荷中和[1]，不就相当于挡住了钙离子内流吗？

于是研究人员又上天入地，找来找去，发现甘氨酸的二聚物双甘氨肽可以促进带负电荷的氯离子进入细胞内。半脸测试发现，涂抹了双甘氨肽一段时间后，毛孔缩小，水分流失现象也得到改善。此外，双甘氨肽还有类似果酸的性质，可以加速去除老化角质[2]，所以很适合伴随有黑头角栓的毛孔。

除了上述两种成分外，收缩毛孔的产品一般还会加入金缕梅、茶树油、薰衣草等有收敛作用的提取物，以及据说可以促进胶原纤维和弹性纤维增长的多肽。此外有控油作用的锌盐、有遮盖作用的粉体、有紧肤效果的酒精也很常用。

毛孔是皮脂腺的开口，清洁毛孔有助于皮脂顺利排出，对于改善毛孔粗大是有帮助的。但是，毛孔的形状又深又长，就像一口井，无论怎么清洁，都无法触及毛孔深处。所以深层清洁或者彻底清洁毛孔这种话听一听就算了，不要当真。

特别是面颊部的毛孔，因为皮脂分泌旺盛，而角栓一般不会很多。如果这个部位洗得太厉害，皮肤变成既油又敏感，反而得不偿失。

总结：毛孔粗大的原因很复杂，最简单的改善办法是医疗美容；外用药物或者护肤品有辅助作用，特别是水杨酸。

参考文献

[1] 资玉堂．如何改善脸部毛孔粗大问题 [EB/OL].[2021-03-01]. https://corp.shiseido.cn/rd/ifscc/13.html.

[2] 王建新．化妆品天然成分原料手册 [M]. 北京：化学工业出版社，2016.

8.11 后遗症之“后”

痘印、痘坑和痘疤是痘痘的常见后遗症。

痘印是沉积在皮肤上的色素印子，实质是痤疮炎症导致色素沉着。痘印刚开始是红色，原因是炎症后血管扩张及产生炎性因子，形成红斑，时间久了慢慢变成黑色或者深色。

痘坑是指皮肤表面凹陷下去的坑坑洼洼，即萎缩性瘢痕。

痘疤则指皮肤表面凸起的疙瘩，即增生性瘢痕，往往和疤痕体质有关，没有痘坑那么常见。

痘坑和痘疤这两种皮损都容易伤及真皮层，恢复起来很困难，所以要把预防放在第一位，遇到有炎症的痘痘要有耐心，用药膏让它慢慢瘪下去，千万不要用手去挤。

如果已经有了痘疤或者痘坑，求助于药物或者医美比较靠谱。

凸出来的痘疤可以先尝试使用喜疗妥或康瑞宝之类的药膏来改善，这种用法属于超说明书用药，对于一年内的新生痘疤也许有效。

如果用了几个月上述药膏，痘疤仍然没有一点动静，那就去医院注射激素、激光治疗或者手术切除。

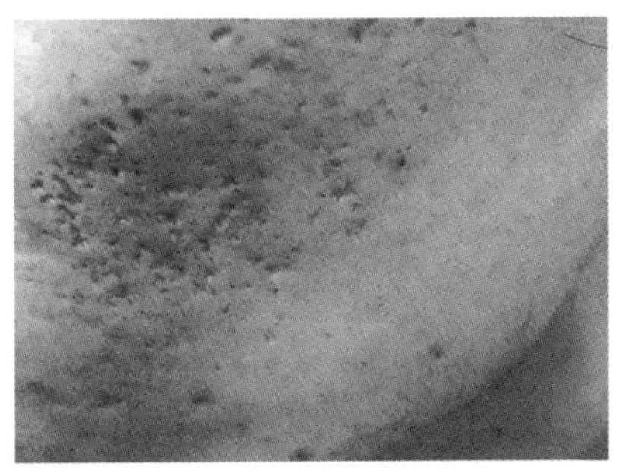

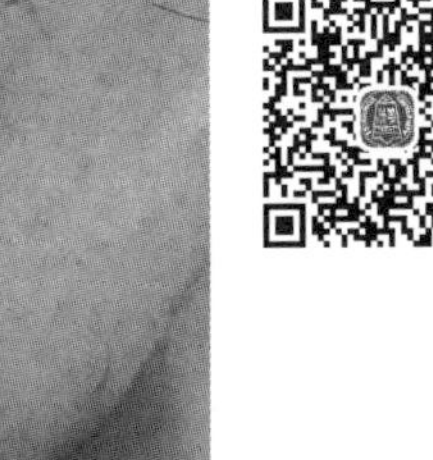

图 8.10　痘坑 1

至于宣称能改善疤痕的护肤品，多半是以洋葱提取物之类的成分为主打，有没有效果只能听天由命了。

凹陷下去的痘坑也是用医美比较靠谱，激光或者注射填充都可以考虑，特别是对很严重的痘坑，如图 8.10 所示这种痘坑除了医美之外，可以说没什么其他办法可以解决了。

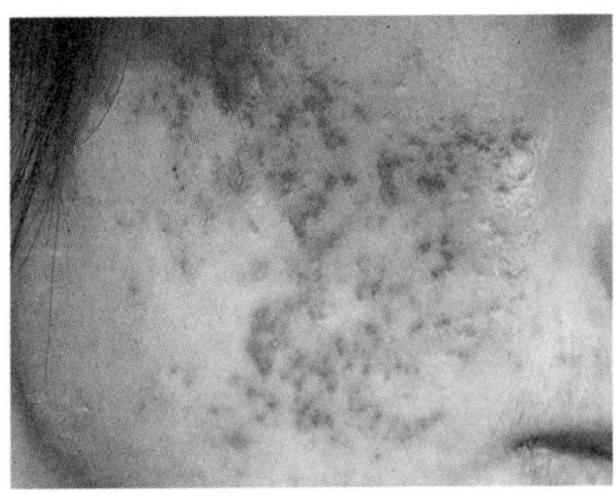

图 8.11　痘坑 2

痘印和痘坑容易混淆，原因在于它们往往同时出现在同一个地方，如图 8.11 所示，凹陷下去的地方都有印子，反之亦然。但它们不是一回事，网上很多文章把两者混为一谈，这是不对的。

痘印有自愈性，就是说哪怕什么事都不做，它都会慢慢消退，但速度非常慢，少则一两年，多则五六年，所以还是要做点什么事情来加快它的消退。

痘印是炎症后的色素沉着现象，怎么理解这个“后”呢？是发生之后还是痊愈之后？这可不是咬文嚼字，而是涉及配方的设计和方案的确定。

如果理解为炎症痊愈之后，那就要等到痘痘治好后才着手进行调理，所用调理产品和普通的美白没有什么区别，都是强调淡化黑色素。

如果理解为炎症发生之后，那就应该尽早着手调理痘印，越早越好。所用调理产品的配方和成分除了常规的淡化黑色素之外，必须要突出强调抗炎的效果。

这两种思路都有各自的道理，前者的理由是：战痘是一个漫长的治疗过程，痘痘随时可能复发，所以应该先解决痘痘，然后才调理痘印。否则旧的痘印还没消退，新的痘印又来了。

后者的理由是：痘印留在脸上的时间是一定的，越早用去痘印的产品，预防和改善痘印的效果越好。

无论从痘印的机制成因来看，还是从患者迫切改善痘印的需求来看，后一种思路都更有道理，痘印应该理解为炎症发生后的色素沉着现象，应该尽早用改善痘印的产品，越早用越好。产品除了常规的淡化色素成分之外，还必须强调抗炎的效果。同时要多运动，加快色素的代谢，并做好防晒。

总结：痘印是炎症发生后的色素沉着现象，应该尽早用改善痘印的产品，越早用越好。产品必须强调抗炎的效果。同时要多运动，加快色素的代谢，并做好防晒。

8.12 长痘吃啥不吃啥

痘痘和食物的关系是一个经久不衰的讨论话题，而且观点学说矛盾冲突。其中一个原因在于，讨论的前提没有确定下来，讨论最后变成各说各话。

假如我连续吃了一个星期的辣椒，脸上长痘痘，我推测吃辣可能会导致痘痘，这个时候就要去做实验，证明或者证伪这个推测。怎么做呢？最简单的当然是调查，比较吃辣和不吃辣的群体脸上痘痘有什么不同。

但是问题就来了，什么叫作辣？微辣、小辣、中辣、特辣的标准是什么？怎样衡量吃辣椒的量？是无辣不欢？还是浅尝辄止？怎样保证得到的数据是真实可靠的？是受试者自己报数据，还是研究者一天 24 小时紧盯着？……因此，要得到科学可靠的数据不是那么容易的。

就算得到了数据，我这就算完成了科学证明吗？并没有，因为你也可以用群体调查的结果来反驳我，湖南、四川、贵州人天天吃辣椒，也没见人家长痘痘的概率高啊！当然我也可以继续反驳你，一方水土养一方人，他们的基因早就已经适应了这种吃辣的饮食，所以没事，你有这种基因吗?

到这个时候，问题就变了，我们需要的不只是宏观的调查，还需要从细胞、基因、分子的角度，从受体、表达、通路的层次来研究吃辣和长痘的关系。

把这些复杂的道理讲清楚，容易吗？不容易。

目前关于痤疮和饮食关系的研究文章，其措辞绝大多数是很谨慎的，都是用“或者”“也许”“可能”这种语气虚弱的词。例如美国皮肤病学会 2016 年发布的《寻常痤疮治疗指南》（*Guidelines of Care for the Management of Acne Vulgaris*），对痤疮与饮食关系的结论是：

Given the current data, no specific dietary changes are recommended in the management of acne.

Emerging data suggest that high glycemic index diets may be associated with acne.

Limited evidence suggests that some dairy, particularly skim milk, may influence acne.

翻译为：

基于目前的证据，没有特别的饮食调整推荐用于治疗痤疮。

研究显示，高血糖指数的饮食可能与痤疮有关系。

有限的初步研究提示，某些饮食（特别是脱脂牛奶）可能影响痤疮。

《中国痤疮治疗指南》（讨论稿）对痤疮与饮食关系的表述是：

> 患者宜少食高糖、高脂肪、酒、辛辣等刺激性食物，多食蔬菜（豆芽、青菜、蓬蒿菜、冬瓜、丝瓜、苦瓜、荸荠）及水果。常饮绿豆汤有清肺热、除湿毒之功效。多食含长纤维的食品，保持大便通畅，对防治痤疮有良效。

这段文字在《中国痤疮治疗指南》（2014 修订版）中被缩减成一句话：

限制可能诱发或加重痤疮的辛辣甜腻等食物，多食蔬菜、水果。

《中国痤疮治疗指南》(2019 修订版)则表述为：

限制高糖和油腻饮食及奶制品尤其是脱脂牛奶的摄入。

以上指南的文字表述都非常谨慎，可见痤疮和饮食的关系尚待进一步研究。

如果跳出科学的框架，从生活经验的角度来讨论这个问题，那就简单多了，这时候不需要严格证明因果性，只需要找到大概率的相关性即可。

很多人一辈子吸烟，也没有得肺癌；有些人从不吸烟（有没有接触二手烟暂不论），却患上肺癌。同理，辛辣、油腻、油炸、高糖分食物不一定会导致痘痘，但是生活经验告诉我们，吃这些食物长痘痘的风险会比较大，原因在于这些食物会影响内分泌，进而影响皮脂腺，使皮脂增加，痘痘变严重。

所以痘痘患者的饮食还是应该尽可能保持清淡，尤其是必须避开既辛辣又油腻的食物，例如水煮鱼、麻辣烫之类的食物，少吃高油、高糖、高热量的食物（包括热带水果），以及羊肉、鹅肉、酒、椒、姜、蒜等发物。

至于说牛奶和痘痘的关系，不同的文献有不同的结论，例如有的文献认为全脂奶制品与痘痘有关；也有的报道说脱脂牛奶与痘痘相关。考虑到牛奶的热量以及添加的糖分，痘痘患者对奶制品还是敬而远之吧！

至于说长痘吃啥，这就简单了：尽量饮食清淡，多吃新鲜的水果和蔬菜，特别是要多吃萝卜、芹菜、雪梨、西红柿、黄瓜等有助于抑制油脂分泌的食物。当然也不要过于极端，必要的油、肉、淀粉这些营养物质还是要保证的。

以下是中央电视台《健康之路》栏目的专家推荐的几款对痘痘有改善作用的食疗方案：

（1）梨芹汁

取 100g 芹菜，50g 雪梨，一个小西红柿，一个小柠檬，洗干净后榨汁饮用，一天一次。适合改善红色的痤疮。

（2）枇杷薏米粥

薏米 100g，鲜枇杷果 60g(去皮核)，鲜枇杷叶 10g。枇杷叶洗净切碎，加清水适量，煮沸 10~15 分钟后，捞去叶渣，加入薏米煮粥，待薏米烂熟时，加入切碎的枇杷果肉，拌匀煮熟。适合改善面部出油多的痤疮。

（3）桃仁山楂粥

桃仁（炮制过的，去药店购买）、山楂、贝母各 9g，荷叶半张，煎熬成汤液，去渣后加入 60g 粳米（大米的一种），煮成粥，每天早晚两次温服。特别适合改善肿硬痛的暗疮。

总结：痘痘和饮食的关系还存在很多不明确之处，目前还不能说哪种饮食结构一定会导致痘痘。从经验的角度来说，建议饮食尽量清淡。

8.13 长痘用啥不用啥

对于痘痘肌来说，肉豆蔻酸异丙酯和棕榈酸异丙酯这两个成分让人既爱又恨。爱的原因是它们能降低油腻感，帮助渗透和吸收，还有不错的滋润效果。恨的原因是有致痘的风险，所以痘痘肌对这两个成分要高度警惕。

除了肉豆蔻酸异丙酯和棕榈酸异丙酯之外，油酸也是会致痘的高风险成分，橄榄油、花生油、棕榈油、芝麻油、杏仁油、甜扁桃油、鳄梨油、澳洲坚果油、可可籽脂的油酸含量都很高，所以面部接触这些油分之后可能会出现闭口粉刺。

此外，矿油、矿脂、羊毛脂这些封闭性很强的油，以及各种共聚物也有可能闷出痘痘，油皮和痘痘肌也要高度关注。很多以矿物油作为基质的卸妆油，里面又含有肉豆蔻酸异丙酯和棕榈酸异丙酯这两个成分，痘痘肌用了之后就长闭口粉刺，有可能是因为矿物油，更大的可能是这两个成分在作怪。

值得注意的是，产品的成分表有这些成分并不意味着就一定会导致痘痘。很多人说用了某个产品之后长痘痘，其实是皮肤本来就在长痘痘，无论用不用这个产品，痘痘都会冒出来。

所以，要判断一个产品是不是导致痘痘的罪魁祸首，起码要有两三轮“用就长痘，停就没事，再用再长”的经历，才好下结论。

痘痘肌适合用的功效成分是果酸和水杨酸。至于其他成分，特别是植物提取物，到底有没有作用，还是以试用结果为准吧！

总结：肉豆蔻酸异丙酯、棕榈酸异丙酯、油酸含量高的油脂有致痘风险，痘痘肌应尽量避开。矿油、矿脂、羊毛脂以及各种共聚物容易闷出痘痘，也要高度关注。

8.14 自慰与粉刺

自慰会导致长痘痘吗？答案很简单：痘痘和雄性激素有关，然而痘痘和自慰并没有关系。

从研究结果来看，性高潮过后，雄性激素并没有显著的变化[1-4]；即使在个别研究中变化很明显，它也会在几分钟后恢复到原有的水平。也就是说，“性冲动—自慰—雄性激素水平升高—痤疮”这条因果链条是不成立的。

然而，性生活更活跃的人有时候确实会出现更多痤疮症状，这种现象可以用“雄性激素水平高—自慰和痤疮”来解释，自慰和痤疮都是雄性激素水平高的结果，但是自慰和痤疮之间不一定有因果关系。

对于中国人来说，性是一个尴尬的话题，但并不可耻或者罪恶。而在欧美流传这样一种说法，认为自慰和痤疮有关。

在这种说法的影响下，原本是中性的性行为就带上了价值判断的意味，例如 masturbation 被翻译成“自渎”或者“手淫”。渎者，亵渎也；淫者，淫秽也，这个词很明显会使自慰者产生心理压力[5]。这种心理上的焦虑和自责，有时候也会加重痤疮的症状。

还有人担心自慰会导致胶原蛋白流失，疤痕不易好转。精液中含有蛋白质类的成分主要是一些淀粉酶、纤维蛋白溶酶、葡萄糖醛酸酶，和真皮层的胶原蛋白差别很大。所以如果担心疤痕不容易恢复，那确实是要控制好自己的手，不要挤痘痘就好。

总结：自慰属正常生理现象，目前没有科学证据证明自慰和痤疮之间有因果关系，所以不需要焦虑或自责，以平常心待之即可。

参考文献

[1] EXTON M S, BINDERT A, KRÜGER T, et al. Cardiovascular and endocrine alterations after masturbation-induced orgasm in women[J]. Psychosom Med., 1999,61(3):280-289.

[2] KRÜGER T, EXTON M S, PAWLAK C, et al. Neuroendocrine and cardiovascular response to sexual arousal and orgasm in men[J]. Psychoneuroendocrinology, 1998,23(4):401-411.

[3] EXTON M S, KRÜGER T H, BURSCH N, et al. Endocrine response to masturbation-induced orgasm in healthy men following a 3-week sexual abstinence[J]. World J Urol., 2001,19(5):377-382.

[4] 王成岗，王婷婷，李广钊，等. 济南市女大学生性观念、性行为及性知识调查 [J]. 中国

性科学,2016,25(4):148-151.
[5] 阮鹏，黄燕. 80后在校大学生性观念调查研究[J]. 中国健康心理学杂志，2011, 19(11):1373-1376.

8.15 控油不是你想控，想控就能控

皮脂分泌过多是长痘痘的主要因素之一，人们很自然就想到：如果能控制甚至减少皮脂分泌，岂不是就能改善痘痘，甚至避免痘痘发生了吗？

于是化妆品厂家针对控油搞出好多套路，最典型的就是所谓的水油平衡或者平衡油脂分泌的概念，其实这种完全是忽悠：水和油怎么达到平衡？为什么能够平衡？追根究底下去，这种营销概念很难找到一个科学的答案。

不过，调节皮脂分泌倒是可以做到的，最有效的办法就是涂抹药物，例如克林霉素凝胶就有减少脂肪酸含量的作用，这是写在说明书里面的。

维A酸类药物（如阿达帕林）以及硫软膏都会导致皮肤干燥，所以也是有控油作用的。此外，B族维生素和锌制剂有较强的调理皮脂腺的功效，也有确定的控油效果。

至于说控油类化妆品，目前这类产品（包括护肤品和彩妆）大多数只是简单地清理油脂，例如用清洁力强的洗面奶将脸洗干净，甚至干燥紧绷，就美其名曰“控油”了。

这种过度清洁的做法并不能从根本上来减少油脂分泌，反而可能会伤害皮肤，所以油性皮肤和痘痘肌最好还是用氨基酸配方的洁面产品，这是最稳妥、最不出错的选择。

还有就是添加粉体来吸油，例如氧化锌、硅石、硅粉、二氧化硅、硅藻土、锦纶、高岭土、滑石粉以及聚甲基丙烯酸甲酯微球。这些粉体内部具有细小的孔隙，能吸收油脂，达到哑光的效果。不过它们的作用是暂时的，洗脸之后就打回原形了。

宣称能够控油的各种植物提取物，目前来看主要还是依靠幻想活着——如果它们真的能干扰皮脂腺的分泌，那就有成为药物的潜力了。

在生活方式方面，影响皮脂的因素包括内分泌、年龄、性别、饮食和温度、湿度等。

皮脂由皮脂腺分泌得到，雄性激素会促使皮脂腺的分泌，所以男性皮肤一般偏油性。青春期男女的皮脂腺分泌都会增加，16～20岁达到顶峰，然后逐渐下降。

饮食也会影响皮脂腺，低热量的食物可以降低皮脂的分泌，并改变皮脂的构成，例如萝卜、芹菜、雪梨、西红柿、黄瓜等有助于抑制油脂分泌，无糖的黄豆豆浆也有类似的作用，但是豆浆不能一次喝多，否则容易肚子疼。

相反，油腻、辛辣、刺激性以及高糖、高热量食物可以使皮脂的分泌量增加，而且变得更稠，更不容易排出来，所以要避开又辛辣又油腻的食物，例如水煮鱼、麻辣烫等。

此外，皮脂腺的分泌量随温度升高而增加，而且天热时出汗多，改变了皮肤的表面张力，皮脂容易在面部分布，因此皮肤显得更油腻。

总结：护肤品和彩妆的控油作用很微弱、很短暂，涂抹药物以及改变饮食结构可以有效控油。

8.16　痘痘肌护理的碎碎念

痘痘是一种皮肤病，所以要用药物进行治疗；在治疗的同时做好基础护肤也是很重要的，正确的护肤有助于提升依从性，辅助改善治疗效果。

基础护理首先还是强调不要过度清洁。很多时候痘痘肌 + 混合性肤质的人觉得长痘痘是因为清洁不到位，于是就用皂基配方的洗面奶来清洁，结果痘痘没有洗掉，反而是脸颊越洗越干燥，甚至变成敏感肌，出现红血丝等现象。

所以对痘痘肌 + 混合性肤质，清洁的时候最好是分区清洁，洗面奶用在 T 区，两边脸颊少用乃至不用洗面奶。

痘痘肌的保湿一般不需要操太多心，但是用阿达帕林、克林霉素等药膏祛痘的同时需要加强保湿，因为这两种药膏都有控油的作用，容易导致皮肤干燥、紧绷、脱屑，冬季尤其明显。所以用药膏治疗时要配合做好保湿，提升治疗的依从性。

至于防晒就更简单了，通过打伞、戴帽、戴口罩的方式来防晒，尽量避免涂抹防晒霜、隔离霜、BB 霜、粉底霜等产品。如果一定要用防晒霜，一是可以优先选择含有氧化锌和酒精的配方，二是要避开防水、防汗性能非常强的产品，因为这样的防晒霜长时间闷在脸上，可能会闷出痘痘。

在化妆品原料当中，肉豆蔻酸异丙酯和棕榈酸异丙酯有致痘的风险；油酸也是导致痘痘的高风险成分，橄榄油、花生油、棕榈油、芝麻油、杏仁油、甜扁桃油、鳄梨油、澳洲坚果油、可可籽脂的油酸含量都很高；矿油、矿脂、羊毛脂也有可能闷出痘痘。这些成分都是要高度关注的，能避则避。

除了用药物治疗和用护肤品来辅助改善之外，生活方式对于调理痘痘肌来说也是非常重要的，首先要心情宽松，少照镜子多锻炼，健康生活每一天。特别是多跑步、多游泳，这两种方式都有助于软化毛孔中的油脂粒，加速油脂粒排出，避免毛孔堵塞导致炎症。

挤痘痘是一种很爽的体验，但这种做法是很不可取的，容易导致或者加重痘疤、痘印等后遗症。

据报道，江苏淮安嵇女士的嘴唇上方长了一颗米粒大小的痘痘。她随手挤掉后，出现嘴唇红肿、左脸肿胀等症状，最终高烧不退，被送往了医院重症监护室，入院时已出现"昏睡状态，呼吸和心率较快，大小便失禁"等危急情况。经医生诊断，嵇女士是危险三角区感染，造成的海绵状静脉窦炎，经过治疗后才逐渐好转。

所谓面部危险三角区是指从鼻根到两边嘴角连接起来的三角形区域，如果去挤分布在这个区域的痘痘，病菌容易逆流并将炎症传播到颅内，产生严重并发症，极端情况下有导致死亡的风险。

痘痘是一种慢性炎症，目前没有立竿见影的治疗方法。哪怕是用药物治疗，都要持续 3 个月左右才能看到比较好的效果。凡是拍胸口保证"三天见效、七天根治、永不复发"的，千万不要当真。

祛痘的药物很多，不同的医生有不同的选择偏好，在治疗期间最好坚持找同一个医生。如果 3 个月下来，痘痘岿然不动，一点改善的迹象都没有，再考虑换一种治疗方案或者找另一个医生，避免半途而废。

最后还要注意痘痘痊愈后的维持治疗，治痘见效慢，却容易复发，所以即使是改善后，仍然要每周 2~3 次用很小剂量的维 A 酸类药物（如阿达帕林）局部涂抹，持续 3~12 个月，确定痘痘彻底痊愈了，这才可以马放南山。

总结：做好基础护肤有助于辅助改善痘痘的治疗效果。同时要放松情绪，多锻炼，不挤痘痘，维持治疗。